U0247122

石羊河湿地植物图鉴

李文华　陈学林　主编

甘肃科学技术出版社

图书在版编目（ＣＩＰ）数据

石羊河湿地植物图鉴 / 李文华，陈学林主编. -- 兰
州 : 甘肃科学技术出版社，2020.12
　ISBN 978-7-5424-2509-6

Ⅰ.①石… Ⅱ.①李… ②陈… Ⅲ.①沼泽化地—植
物—甘肃—图集 Ⅳ. ①Q948.524.2-64

中国版本图书馆CIP数据核字(2020)第241882号

石羊河湿地植物图鉴

李文华　　陈学林　　主编

责任编辑　陈　槟
封面设计　雷们起

出　版　甘肃科学技术出版社
社　址　兰州市读者大道 568 号　　730030
网　址　www.gskejipress.com
电　话　0931-8125103(编辑部)　　0931-8773237(发行部)
京东官方旗舰店　https://mall.jd.com/index-655807.html

发　行　甘肃科学技术出版社　　印　刷　甘肃新华印刷厂
开　本　889 毫米×1194 毫米　1/16　印　张　14.75　字　数　180 千
版　次　2020 年 12 月第 1 版
印　次　2020 年 12 月第 1 次印刷
印　数　1~2 000
书　号　ISBN 978-7-5424-2509-6　　　定　价　198.00 元

编　委　会

前　言

　　石羊河国家湿地公园位于甘肃省民勤县城以南 30 公里处。南起洪水河桥、北至红崖山水库北缘，南北长 31 公里，东西长 0.6～3.5 公里，总面积 6176.2 公顷。湿地公园划所在区域是石羊河流入民勤盆地后，唯一由河流湿地、沼泽湿地、人工湿地形成的复合湿地生态系统，保存着民勤县境内最为完整的植被群落，在匀化洪水、净化水体、调节区域小气候、保护生物多样性等方面显现出良好的生态效应。

　　2015 年、2016 年，在这两年日常监测调查和总体规划调查的基础上，我们和西北师范大学生命科学院合作，共同对湿地公园内的植物及植被群落进行系统调查，并收集制作了全部植物标本。调查参考了《甘肃石羊河国家湿地公园总体规划》的调查数据，通过全面普查和样方重点调查，尽可能地穷尽了湿地公园内的全部植物种类。根据调查结果，确定湿地公园内有植物 38 科 123 属 197 种，其中水莔草属水莔草为甘肃省新纪录属种，为甘肃省内首次发现。胡杨、梭梭为国家Ⅲ级保护植物，裸果木为国家Ⅱ级保护植物。据此，我们组织专业技术人员编写了这部《石羊河湿地植物图鉴》。通过编撰出版这本书，期望能够起到普及湿地知识，宣传湿地景观和推荐湿地生态旅游的作用。本书力求图文并茂，融专业性、科普性于一体，是一部较为系统反映石羊河湿地植物种类、形态特征、生态经济价值的基础资料用书。图鉴的编写得到了西北师范大学生命科学院陈学林教授的大力支持和帮助，资料整理完成后，陈学林教授进行了认真的审核和校正，并提供了部分照片资料。因时间仓促，加之拍摄技术限制，部分照片资料未能全面准确地反映出物种的形态特征，个别物种照片资料采用了标本照片，但大体上保持了资料的系统完整。

　　由于编者专业知识有限，缺点和错误在所难免，敬请广大读者批评指正。

编　者

2020 年 4 月

目 录 /*contents*

石羊河湿地概况

报春花科

海乳草属

白花丹科

补血草属

旋花科

菟丝子属

旋花属

打碗花属

夹竹桃科

罗布麻属

萝藦科

鹅绒藤属

紫草科

软紫草属

车前科

车前属

菊科

顶羽菊属

亚菊属

蒿属

紫菀木属

鬼针草属

短舌菊属

短星菊属

水麦冬科

水麦冬属

泽泻科

泽泻属

禾本科

芨芨草属

三芒草属

菵草属

拂子茅属

虎尾草属

隐花草属

稗属

披碱草属

灯心草科

鸢尾科

石羊河湿地概况

  石羊河是甘肃省河西走廊内流水系的第三大河，古名谷水。河流发源于祁连山脉东段冷龙岭北侧，年径流量15.91亿立方米。下游进入民勤绿洲后，孕育了丰富的湿地资源。其中，以石羊河河流湿地资源最具代表性，其承担着民勤绿洲水源保护、涵养、固沙和维系生物多样性等重要生态功能，是石羊河流入民勤盆地后，唯一由河流湿地、沼泽湿地、人工湿地形成的复合湿地生态系统，2012年、2017年两次湿地资源调查数据显示，民勤境内石羊河湿地总面积3238.6公顷，占到全县湿地总面积58187.58公顷5.57%。其中，河流湿地944.8公顷，沼泽湿地503.3公顷，人工（库塘）湿地1790.5公顷。亚洲最大的沙漠水库——红崖山水库处在石羊河湿地区域内。

  石羊河湿地分布有高等植物37科107属198种。主要优势植物以人工乔木林和天然灌木林为主，湿地植被则以芦苇、水烛、蔍草、赖草为主。有脊椎动物5纲27目51科156种，其中鸟类17目35科118种。有重点野生保护动物22种，其中有白尾海雕、黑鹳等国家一级保护动物3种，大天鹅、鸢、苍鹰等国家二级保护动物12种，大白鹭，斑头雁，灰雁等省级保护动物7种。

  被称为"地球之肾"的湿地，是珍贵的自然资源，也是重要的生态系统，具有不可替代的综合功能，在民勤这样一个生态脆弱的沙漠干旱县份显得尤为重要和稀缺。自2012年设立国家湿地公园以来，民勤县委、县政府把石羊河湿地保护摆上更加突出的位置，与经济社会发展各项任务统筹考虑，落实各有关方面的保护责任，切实加强石羊河湿地保护与恢复。积极推进制度建设，建立完善健全有效地保护制度和长效管理机制。不断强化宣传教育，提高全民湿地保护意识。切实加大投入，实施好湿地保护恢复重大工程，不断扩大湿地面积，增强湿地生态系统稳定性。石羊河湿地保护体系基本形成，周边重点区域湿地得到抢救性保护，湿地生态状况得到明显改善，为当地经济社会发展作出了重要贡献。

沼泽湿地

河流湿地

人工（库塘）湿地

灌丛湿地

轮藻科

轮藻属

球状轮藻　*Chara globularis* Thuill.

　　形态特征：雌雄同株，绿色。高16~18厘米。茎中等粗壮，直径704~770微米。茎具规则三列式皮层，原生列较次生列略强，刺细胞单生，瘤状。托叶双轮，长99~165微米，基宽88~99微米，顶钝尖。小枝6~7枚一轮，内曲，由6~7个节片组成，顶端有2~3个节片无皮层。苞片细胞5枚，渐尖，外侧苞片瘤状，长55~77微米，内侧苞片长165~340微米。小苞片2枚，顶渐尖，长407~605微米。雌雄配子囊混生，藏卵器单生，长550~720微米（不包括冠），宽363~429微米，具11~13个螺旋环，冠高110~132微米，基宽180~230微米。受精卵具9~20个螺旋脊。外膜平滑。藏精器直径407~440微米。

木贼科

木贼属

犬问荆　*Equisetum palustre* L.

　　形态特征：多年生草本，中小型植物。高 15~30 厘米，根状茎黑褐色。地上茎只有一种类型，分枝轮生，稀单一，中心孔小型，有 6~10 条棱脊，表面有横的波状突起。叶鞘漏斗状，主枝的鞘齿三角状披针形，顶端黑褐色，有白色膜质的宽边。孢子囊穗长圆形，和长 15~25 毫米，钝头，有短柄。黑棕色，节和根光滑或具黄棕色长毛。地上枝当年枯萎。枝一型，高 20~50（60）厘米，中部直径 1.5~2.0 毫米，节间长 2~4 厘米，绿色，但下部 1~2 节节间黑棕色，无光泽，常在基部形丛生状。主枝有脊 4~7 条，脊的背部弧形，光滑或有小横纹；鞘筒狭长，下部灰绿色，上部淡棕色；鞘齿 4~7 枚，黑棕色，披针形，先端渐尖，边缘膜质，鞘背上部有一浅纵沟；宿存。侧枝较粗，长达 20 厘米，圆柱状至扁平状，有脊 4~6 条，光滑或有浅色小横纹；鞘齿 4~6 枚，披针形，薄革质，灰绿色，宿存。孢子囊穗椭圆形或圆柱状，长 0.6~2.5 厘米，直径 4~6 毫米，顶端钝，成熟时柄伸长，柄长 0.8~1.2 厘米。有药用价值。

节节草 *Equisetum ramosissimum* Desf.

形态特征：中小型植物，根茎直立，横走或斜升，黑棕色，节和根疏生黄棕色长毛或光滑无毛。地上枝多年生。以根茎或孢子繁殖。根茎早期3月发芽，4月产孢子囊穗，成熟后散落，萌发，成为秋天杂草。枝一型，高20~60厘米，中部直径1~3毫米，节间长2~6厘米，绿色，主枝多在下部分枝，常形成簇生状；幼枝的轮生分枝明显或不明显；主枝有脊5~14条，脊的背部弧形，有一行小瘤或有浅色小横纹；鞘筒狭长达1厘米，下部灰绿色，上部灰棕色；鞘齿5~12枚，三角形，灰白色，黑棕色或淡棕色，边缘（有时上部）为膜质，基部扁平或弧形，早落或宿存，齿上气孔带明显或不明显。侧枝较硬，圆柱状，有脊5~8条，脊上平滑或有一行小瘤或有浅色小横纹；鞘齿5~8个，披针形，草质但边缘膜质，上部棕色，宿存。孢子囊穗短棒状或椭圆形，长0.5~2.5厘米，中部直径0.4~0.7厘米，顶端有小尖突，无柄。有药用价值。

松科

松属

樟子松 *Pinus sylvestris* L. *var. mongholica* Litv.

    形态特征：常绿乔木，高 15~25 米，最高达 30 米，树冠椭圆形或圆锥形。树干挺直，3~4 米以下的树皮黑褐色，鳞状深裂，叶 2 针一束，刚硬，常稍扭曲，先端尖。雌雄同株，雄球花卵圆形，黄色，聚生在当年生枝的下部；雌球花球形或卵圆形，紫褐色。球果长卵形。鳞盾呈斜方形，具纵脊横脊，鳞脐呈瘤状突起。种子小，具黄色、棕色、黑褐色不一，种翅膜质。可作庭园观赏及绿化树种。

油松　*Pinus tabulaeformis* Carr.

　　形态特征：常绿乔木，高达 30 米，胸径可达 1 米。树皮下部灰褐色，裂成不规则鳞块。大枝平展或斜向上，老树平顶；小枝粗壮，雄球花柱形，长 1.2~1.8 厘米，聚生于新枝下部呈穗状；球果卵形或卵圆形，长 4~7 厘米。种子长 6~8 毫米，连翅长 1.5~2.0 厘米、翅为种子长的 2~3 倍。花期 5 月，球果第二年 10 月上、中旬成熟。心材淡黄红褐色，边材淡黄白色，纹理直，结构较细密，材质较硬，耐久用。

麻黄科

麻黄属

中麻黄　*Ephedra intermedia* Schrenk ex Mey.

形态特征：茎直立，粗壮。小枝圆筒形，黄绿色，或被白霜，有节。叶退化成膜质鞘状，裂片通常 3 片，钝三角形或三角形。花雌雄异株，雄球花常数个（稀 2~3）密集于节上呈团状，苞片 5~7 对交互对生或 5~7 轮（每轮 3）；雄花有雄蕊 5~8；雌球花 2~3 生于节上，由 3~5 轮生或交互对生的苞片组成，仅先端 1 轮或 1 对苞片生有 2~3 雌花；珠被管长达 3 毫米，常螺旋状弯曲，稀较短而不明显弯曲。雌球化熟时苞片肉质，红色。花期 5~6 月。种子通常 3（稀 2），包藏于肉质苞片内，不外露。

膜果麻黄　*Ephedra przewalskii* Stapf

形态特征：灌木，高 50~240 厘米；木质茎明显，为植株高度的 1/2 或更高，基部径约 1 厘米或更粗，茎皮灰黄色或灰白色，细纤维状，纵裂成窄椭圆形网眼；茎的上部具多数绿色分枝，老枝黄绿色，纵槽纹不甚明显，小枝绿色，2~3 枝生于节上，分枝基部再生小枝，形成假轮生状，每节常有假轮生小枝 9~20 或更多，小枝节间粗长，长 2.5~5 厘米，径 2~3 毫米。叶通常 3 裂并有少数 2 裂混生，下部 1/2~2/3 合生，裂片三角形、或长三角形，先端急尖或具渐尖的尖头。球花通常无梗，常多数密集成团状的复穗花序，对生或轮生于节上；雄球花淡褐色或褐黄色，近圆球形；径 2~3 毫米，苞片 3~4 轮，每轮 3 片，稀 2 片对生，膜质，黄色或淡黄绿色，中央有绿色草质肋，三角状宽卵形或宽倒卵形，仅基部合生，假花被宽扁而拱凸似蚌壳状，雄蕊 7~8，花丝大部合生，先端分离，花药有短梗；雌球花淡绿褐色或淡红褐色，近圆球形，径 3~4 毫米，苞片 4~5 轮，每轮 3 片，稀 2 片对生，干燥膜质，仅中央有较厚的绿色部分，扁圆形或三角状扁卵形，几全部离生，基部窄缩成短柄状或具明显的爪，最上一轮或一对苞片各生一雌花，胚珠窄卵圆形，顶端 1/4 处常窄缩成颈状，珠被管长 1.5~2 毫米，伸于苞片之外，直立、弯曲或卷曲，裂口约占全长的

1/2. 雌球花成熟时苞片增大成干燥半透明的薄膜状，淡棕色；种子通常 3 粒，稀 2 粒，包于干燥膜质苞片内，暗褐红色，长卵圆形，长约 4 毫米，径 2~2.5 毫米，顶端细窄成尖突状，表面常有细密纵皱纹。

杨柳科

杨属

新疆杨 *Populus alba L. var. pyramidalis* Bunge

　　形态特征：高15~30米，树冠窄圆柱形或尖塔形；树皮为灰白或青灰色，光滑少裂。萌条和长枝叶掌状深裂，基部平截；短枝叶圆形，有粗缺齿，侧齿几对称，基部平截，下面绿色几无毛；叶柄侧扁或近圆柱形，被白绒毛。雄花序长3~6厘米；花序轴有毛，苞片条状分裂，边缘有长毛，柱头2~4裂；雄蕊5~20，花盘有短梗，宽椭圆形，歪斜；花药不具细尖。蒴果长椭圆形，通常2瓣裂。雌花序长5~10厘米，花序轴有毛，雌蕊具短柄，花柱短，柱头2，有淡黄色长裂片。蒴果细圆锥形，长约5毫米，2瓣裂，无毛。花期4~5月，果期5月。

胡杨　*Populus euphratica* Oliv.

　　形态特征：胡杨，又称"胡桐"、"眼泪树"、"异叶杨"。树高可达 30 米,胸径可达 1.5 米；树皮灰褐色，呈不规则纵裂沟纹。长枝和幼苗、幼树上的叶线状披针形或狭披针形，长 5~12 厘米，全缘，顶端渐尖，基部楔形；短枝上的叶卵状菱形、圆形至肾形，长 25 厘米，宽 3 厘米，先端具 2~4 对楔形粗齿，基部截形，稀近心形或宽楔形；叶柄长 1~3 厘米光滑，稍扁，雌雄异株，菱英花序；苞片菱形，上部常具锯齿，早落；雄花序长 1.5~2.5 厘米，雄蕊 23~27，具梗，花药紫红色；雌花序长 3~5 厘米，子房具梗、柱头宽阔，紫红色；果穗长 6~10 厘米。蒴果长椭圆形，长 10~15 毫米，2 裂，初被短绒毛，后光滑。

二白杨 *Populus gansuensis* C. Wang & H. L. Yang

　　形态特征：落叶乔木，高20余米。树干通直，树冠长卵形或狭椭圆形；树皮灰绿色，光滑，老树基部浅纵裂，带红褐色。枝条粗壮，近轮生状。斜上，与主干常成45度角，雄株较开展，达60度角，萌枝与幼枝具棱。萌枝或长枝叶三角形或三角状卵形，较大，长宽近等，长7~8厘米，先端短渐尖，基部截形或近圆形，边缘近基部具钝锯齿；短枝叶宽卵形 或菱状卵形，中部以下最宽，长5~6厘米，宽4~5厘米，先端渐尖，基部圆形或阔楔形，边缘具细腺锯齿，近基部全缘，面绿色，下面苍白色；叶柄圆柱形，上部侧扁，长3~5厘米。雄花序细长，长6~8厘米，雄蕊8~13，花丝长为花药的3倍；雌花序长5~6厘米，子房无毛，苞片扇形，长2~2.5毫米，边缘具线状裂片，花序轴无毛。果序长达12厘米；蒴果长卵形，长4~5毫米，2瓣裂，果柄长0.5毫米。花期4月，果期5月。

小叶杨　*Populus simonii* Carr.

　　形态特征：为落叶乔木，高达 20 米，胸径 50 厘米以上。树皮呈筒状，厚 1~3 毫米，幼树皮灰绿色，表面有圆形皮孔及纵纹，偶见枝痕；老皮色较暗，表面粗糙，有粗大的沟状裂隙。内表面黄白色，有纵向细密纹。质硬不易折断，断面纤维性。气微，味微苦。花期 3~5 月，果期 4~6 月。具药用价值；木材轻软细致，供民用建筑、家具、火柴杆、造纸等用；为防风固沙、护堤固土、绿化观赏的树种，也是东北和西北防护林和用材林主要树种之一。

柳属

旱柳 *Salix matsudana* Koidz.

形态特征：落叶乔木，高达 20 米，树冠圆卵形或倒卵形。树皮灰黑色，纵裂。枝条斜展，小枝淡黄色或绿色，无毛，枝顶微垂，无顶芽。叶互生，披针形至狭披针形，先端长渐尖，基部楔形，缘有细锯齿，叶背有白粉。托叶披针形，早落。雌雄异株，葇荑花序，花期 3 月。4～5 月果熟，种子细小，基部有白色长毛。

北沙柳 *Salix psammophila* C. Wang & Chang Y. Yang

形态特征：多年生灌木。高2～3米,小枝带紫色,无毛。叶条形或条状披针形,长3～8厘米,宽2～4毫米。当年枝初被短柔毛,后几无毛,上年生枝淡黄色,常在芽附近有一块短绒毛。叶线形,长4~8厘米,宽2~4毫米（萌条叶长至12厘米）,先端渐尖,基部楔形,边缘疏锯齿,上面淡绿色,下面带灰白色,幼叶微有绒毛,成叶无毛；叶柄长约1毫米；托叶线形,常早落（萌枝上的托叶常较长）。花先叶或几与叶同时开放,花序长1~2厘米,具短花序梗和小叶片,轴有绒毛；苞片卵状长圆形,先端钝圆,外面褐色,稀较暗,无毛,基部有长柔毛；腺体1,腹生,细小；雄蕊2,花丝合生,基部有毛,花药4室,黄色；子房卵圆形,无柄,被绒毛,花柱明显,长约0.5毫米,柱头2裂,具开展的裂片。花期3~4月,果期5月。

线叶柳 *Salix wilhelmsiana* M. Bieb.

形态特征：多年生灌木或小乔木，高5~6米。小枝细长，末端半下垂，紫红色或栗色，被疏毛，稀近无毛。芽卵圆形钝，先端有绒毛。叶线形或线状披针形，长2~6厘米，宽24毫米，嫩叶两面密被绒毛，后仅下面有疏毛，边缘有细锯齿，稀近全缘；叶柄短，托叶细小，早落。花序与叶近同时开放，密生于上年的小枝上雄花序近无梗；雄蕊，连合成单体，花丝无毛，花药黄色，初红色，球形（苞片卵形或长卵形），淡黄色或淡黄绿色，外面和边缘无毛，稀有疏柔毛或基部较密；仅腹腺；雌花序细圆柱形，长2~3厘米，果期伸长，基部具小叶；子房卵形，密被灰绒毛，无柄，花柱较短，红褐色，柱头几乎直立，全缘或2裂，苞片卵圆形，淡黄绿色，仅基部有柔毛；腺腹生。花期5月，果期6月。

蓼科

沙拐枣属

头状沙拐枣 *Calligonum caputmedusae* Schrenk

　　形态特征：灌木或小乔木，叶退化，由同化枝进行光合作用。高1~3米，自基部分枝，径通常2~8厘米。茎和老枝淡灰色或黄灰色，常有纵裂纹；幼枝灰绿色，节间长1~4厘米。叶线形，长约2毫米；叶鞘膜质，与叶合生。花2~3朵生叶腋，花被片卵圆形，长2~3毫米，紫红色，有淡色宽边，果时反折。果（包括刺）近球形，径10~30毫米，幼果黄绿色、红黄色或红色，成熟果成淡黄色、黄褐色或红褐色；瘦果椭圆形，扭转，肋凸起；刺每肋2行，基部稍扁，分离或稍连合，中下部或近基部2~3分叉，每叉又2~3次2~3分叉，末叉硬或较软，极密或较密，伸展交错，或多或少掩藏瘦果。花期4~5月，果期5~6月。

沙拐枣　*Calligonum mongolicum* Turcz.

　　形态特征：灌木，高 50~150 厘米。分枝短，开展，老枝灰白色；一年生枝草质，绿色。叶细鳞片状，长 2~4 毫米。花 2~3 朵簇生于叶腋，两性，粉红色；花梗细弱，下部有关节；花被 5 片，卵形；雄蕊 12~16，与花被近等长；瘦果椭圆形，顶端锐尖，基部狭窄，连刺毛直径 10 毫米，长 10~12 毫米；肋状突起不明显，每一肋状突起有 3 行刺毛；刺毛稀疏，刺毛叉状分枝 2~3 次，细弱而脆，易折断。

蓼属

萹蓄 *Polygonum aviculare* L.

　　形态特征：一年生草本植物，多生郊野道旁，高15~50厘米。茎匍匐或斜上，基部分枝甚多，具明显的节及纵沟纹；幼枝上微有棱角。叶互生；叶柄短，2~3毫米，亦有近于无柄者；叶片披针形至椭圆形，长5~16毫米，宽1.5~5毫米，先端钝或尖，基部楔形，全缘，绿色，两面无毛；托鞘膜质，抱茎，下部绿色，上部透明无色，具明显脉纹，其上之多数平行脉常伸出成丝状裂片。花6~10朵簇生于叶腋；花梗短；苞片及小苞片均为白色透明膜质；花被绿色，5深裂，具白色边缘，结果后，边缘变为粉红色；雄蕊通常8枚，花丝短；子房长方形，花柱短，柱头3枚。瘦果包围于宿存花被内，仅顶端小部分外露，卵形，具3棱，长2~3毫米，黑褐色，具细纹及小点。花期6~8月，果期9~10月。嫩叶可入药。

水蓼　*Polygonum hydropiper* L.

　　形态特征：一年生草本，高20~80厘米，直立或下部伏地。茎红紫色，无毛，节部膨大，水状花且具须根。叶互生，披针形成椭圆状披针形，长4~9厘米，宽5~15毫米，两端渐尖，均有腺状小点，无毛或叶脉及叶缘上有小刺状毛；托鞘膜质，筒状，有短缘毛；叶柄短。穗状花序腋生或顶生，细弱下垂，下部的花间断不连；苞漏斗状，有疏生小脉点和缘毛；花具细花梗而伸出苞外，间有1~2朵花包在膨胀的托鞘内；花被4~5裂，卵形或长圆形，淡绿色或淡红色，有腺状小点；雄蕊5~8；雌蕊1，花柱2~3裂。瘦果卵形，扁平，少有3棱，长2.5毫米，表面有小点，黑色无光，包在宿存的花被内。花期7~8月。有药用价值。

酸模叶蓼 *Polygonum lapathifolium* L.

　　形态特征：一年生草本。茎直立，高 30~100 厘米，具分枝，光滑，无毛。叶互生有柄；叶片披针形至宽披针形，叶上无毛，全缘，边缘具粗硬毛，叶面上常具新月形黑褐色斑块；托叶鞘筒状。花序穗状，顶生或腋生，数个排列成圆锥状；花被浅红色或白色，4 深裂。瘦果卵圆形，黑褐色，多次开花结实。可入药。

西伯利亚蓼　*Polygonum sibiricum* Laxm.

　　形态特征：多年生草本植物，高 10~25 厘米。根状茎细长。茎外倾或近百立，自基部分枝，无毛。花序圆锥状，顶生，花排列稀疏，通常间断：苞片漏斗状，无毛；花梗短、中上部具关节；雄蕊，稍短于花被，花丝基部铰宽，较短，柱头头状。瘦果卵形，黑色，有光泽，包于宿存的花被内或凸出。花果期 6~9 月。茎外倾或近百立，自基部分枝，无毛。叶片长椭圆形或披针形，无毛，长 5~13 厘米，宽 0.5~1.5 厘米，顶端急尖或钝，基部戟形或楔形，边缘全缘，叶柄长 8~15 毫米；托叶鞘筒状，膜质，上部偏斜，开裂、无毛，易破裂。花序圆锥状，顶生，花排列稀疏，通常间断，苞片漏斗状，无毛，通常每 1 苞片内具 4~6 朵花；花梗短、中上部具关节；花被 5 深裂，黄绿色，花被片长圆形，长约 3 毫米；雄蕊 7~8，稍短于花被，花丝基部铰宽，花柱 3，较短，柱头头状。

酸模属

齿果酸模 *Rumex dentatus* L.

形态特征：一年或多年生草本，高达1米。茎直立，分枝；枝纤细，表面具沟纹，无毛。基生叶长圆形，长5~10厘米，先端钝或急尖，基部圆形或心形，边缘波状或微皱波状，两面均无毛；叶柄长1~5厘米；茎生叶渐小，具短柄，基部多为圆形；托叶鞘膜质，筒状。花序圆锥状，顶生，具叶；花两性，簇生于叶腋花梗长3~5毫米，呈轮状排列，无毛，果时稍伸长且下弯，基部具关节；雄蕊6，排列成3对，花丝细弱，花药基部着生；子房具棱，1室，花柱3，柱头细裂，毛刷状；花被片黄绿色，6片，成2轮，外花被片长圆形，长1~1.5毫米，内花被片果期增大，卵形，先端急尖，长约4毫米，具明显的网脉，各具一卵状长圆形小疣，边缘具3~4对，稀为5对不整齐的针状牙齿；小瘤长约1.5~2毫米，先端急尖。瘦果卵状三棱形，具尖锐角棱，长约2毫米，褐色，平滑。花期4~5月，果期6月。

巴天酸模　*Rumex patientia* L.

形态特征：多年生草本，高1~1.5米。茎直立，粗壮，不分枝或分枝，有沟槽。基生叶有粗柄；叶片矩圆状披针形，长15~30厘米，宽4~8厘米，顶端急尖或圆钝，基部圆形或近心形，全缘或边缘波状；上部叶小而狭，近无柄；托叶鞘筒状，膜质。花序为大型圆锥花序，顶生或腋生；花两性；花被片6，成2轮，在果时内轮花被片增大，宽心形，有网纹，全缘，一部或全部有瘤状突起；雄蕊6;柱头3，画笔状。瘦果卵形，有3锐棱，褐色，光亮。根含鞣质可提制栲胶。

藜科

沙蓬属

沙蓬　*Agriophyllum squarrosum* (L.) Moq.

　　形态特征：茎直立，坚硬，浅绿色，具不明显的条棱，由基部分枝，叶无柄，披针形、披针状条形或条形，穗状花序紧密，卵圆状或椭圆状，无梗，花被片膜质；雄蕊花丝锥形，膜质，花药卵圆形。果实卵圆形或椭圆形，种子近圆形，光滑，有时具浅褐色的斑点。花果期8~10月。

滨藜属

滨藜　*Atriplex patens* (Lifv.) Iljin

形态特征：沙漠常见植物。一年生草本，高20~60厘米。茎直立或外倾，无粉或稍有粉，具绿色色条及条棱，通常上部分枝；枝细瘦，斜上。叶互生，或在茎基部近对生；叶片披针形至条形，长3~9厘米，宽4~10毫米，先端渐尖或微钝，基部渐狭，两面均为绿色，无粉或稍有粉，边缘具不规则的弯锯齿或微锯齿，有时几全缘。花序穗状，或有短分枝，通常紧密，于茎上部再集成穗状圆锥状；花序轴有密粉；雄花花被4~5裂，雄蕊与花被裂片同数；雌花的苞片果时菱形至卵状菱形，长约3毫米，宽约2.5毫米，先端急尖或短渐尖，下半部边缘合生，上半部边缘通常具细锯齿，表面有粉，有时靠上部具疣状小突起。种子二型，扁平，圆形，或双凸镜形，黑色或红褐色，有细点纹，直径1~2毫米。花果期8~10月。

西伯利亚滨藜 *Atriplex sibirica* L.

　　形态特征：一年生草本，高 20~50 厘米。茎通常自基部分枝；枝外倾或斜伸，钝四棱形，无色条，有粉。叶片卵状三角形至菱状卵形，长 3~5 厘米，宽 1.5~3 厘米，先端微钝，基部圆形或宽楔形，边缘具疏锯齿，近基部的 1 对齿较大而呈裂片状，或仅有 1 对浅裂片而其余部分全缘，上面灰绿色，无粉或稍有粉，下面灰白色，有密粉；叶柄长 3~6 毫米。团伞花序腋生；雄花花被 5 深裂，裂片宽卵形至卵形；雄蕊 5，花丝扁平，基部连合，花药宽卵形至短矩圆形，长约 0.4 毫米；雌花的苞片连合成筒状，仅顶缘分离，果时膨胀，略呈倒卵形，长 5~6 毫米（包括柄），宽约 4 毫米，木质化，表面具多数不规则的棘状突起，顶缘薄，牙齿状，基部楔形。胞果扁平，卵形或近圆形；果皮膜质，白色，与种子贴伏。种子直立，红褐色或黄褐色，直径 2~2.5 毫米。花期 6~7 月，果期 8~9 月。

雾冰藜属

雾冰藜 *Bassia dasyphylla* (Fisch. et Mey.) O. Kuntze

形态特征：植株高3~50厘米，茎直立，密被水平伸展的长柔毛；分枝多，开展，与茎夹角通常大于45度，有的几成直角。叶互生，肉质，圆柱状或半圆柱状条形，密被长柔毛，长3~15毫米，宽1~1.5毫米，先端钝，基部渐狭。花两性，单生或两朵簇生，通常仅一花发育。花被筒密被长柔毛，裂齿不内弯，果时花被背部具5个钻状附属物，三棱状，平直，坚硬，形成一平展的五角星状；雄蕊5，花丝条形，伸出花被外；子房卵状，具短的花柱和2~(3)个长的柱头。果实卵圆状。种子近圆形，光滑。花果期7~9月。

藜属

藜 *Chenopodium album* L.

形态特征：是一年生草本植物，叶细长，花紫黑色，有毒，可入药；茎直立，嫩叶可吃。叶片菱状卵形至宽披针形，下面多少有白粉，边缘具不整齐锯齿；叶柄与叶片近等长，或为叶片长度的一半。花两性，花簇于枝上部排列成或大或小的穗状圆锥状或圆锥状花序，果皮与种子贴生，种子横生，双凸镜状。花果期3~6月。藜为一年生草本，早春萌发，花期3~5月份，果期4~6月份。种子繁殖。

灰绿藜　*Chenopodium glaucum* L.

　　形态特征：一年生草本植物，果期8~10月。幼苗子叶2片，呈紫红色，长约0.6厘米，狭披针形，先端钝，基部略宽，肉质，有短柄。初生叶三角状卵形，先端圆，基部戟形，主脉明显，叶片下面有白粉。下胚轴呈紫红色。后生叶椭圆形或卵形，叶缘有疏钝齿。成株茎平卧或斜升，高10~35厘米，茎自基部分枝，有绿色或紫红色条纹。叶互生，有短柄，叶片厚，长圆状卵形至披针形，长2~4厘米，先端急尖或钝，基部渐狭，叶缘具波状齿，上面深绿色，中脉明显，下面灰白色或淡紫色，密被粉粒。花和子实团伞花序排列成穗状或圆锥状。花两性或兼有雌性。花被片3~4片，浅绿色，肥厚，基部合生。胞果伸出花被外，果皮薄，黄白色。种子扁圆形，直径0.5~0.7毫米，赤黑色或黑色，有光泽。

小藜 *Chenopodium serotinum* L.

形态特征：一年生草本植物。早春萌发，花期4~6月份，果期5~7月份。幼苗子叶线形，肉质，基部紫红色，有短叶柄。初生叶线形，先端钝，基部楔形，全缘，叶下面略呈紫红色，有短柄。下胚轴与上胚轴均较发达，玫瑰红色。后生叶披针形，常于基部有2个较短的裂片，叶缘具波状齿。成株株高20~50厘米。茎直立，有分枝，有绿色纵条纹，幼茎常密被粉粒。叶互生，有柄，长圆状卵形，长2~5厘米，宽1~3厘米，先端钝，边缘有波状齿，下部的叶近基部有2个较大的裂片，两面疏生粉粒。花和子实花序穗状或圆锥状；腋生或顶生。花两性。花被片5片，先端钝，淡绿色。雄蕊5枚，长于花被。柱头2个，线形。胞果包于花被内，果皮膜质。种子直径约1毫米，圆形，边缘有棱，黑色，有光泽，表面有明显的蜂窝状网纹。嫩苗可食。全草入药，功能去湿，解毒。

虫实属

倒披针叶虫实　*Corispermum lehmannianum* Bunge

　　形态特征：植株高 7~35 厘米，茎直立，圆柱形，直径约 3 毫米，干时黄绿色，毛部分脱落；多分枝，帚状，最下部分枝最长，上升，上部较短，近直立。叶倒披针形或矩圆状倒披针形，长 1.5~3.5 厘米，宽 3~8 毫米，先端急尖或近圆形具小尖头，向基部渐狭，1 脉。穗状花序顶生和侧生，纤细，稀疏，长 4~15 厘米，通常 6~10 厘米长；苞片由叶状（少数近花序基部的）过渡到披针形和卵形（中部以上的多数苞片），长 (15)~7~2.5 毫米，宽 1~1.5 毫米，先端急尖或渐尖，基部圆形，最上部苞片几与果长相等。花被片 1，矩圆形或广椭圆形，顶端稍撕裂；雄蕊 1~(3)，中间花丝较花被长。果实广椭圆形，长 2~3 毫米，宽 1.5~2 毫米，顶端圆形，基部圆楔形，背部凸起中央压扁，腹面扁平，无毛，光滑，黄绿色；果核倒卵形；果喙粗短，三角状，喙尖 2，直立；果翅明显，不透明，边缘具不规则细齿。花果期 5~7 月。

蒙古虫实　*Corispermum mongolicum* lljin

　　形态特征：植株高 10~35 厘米，茎直立，圆柱形，直径约 2.5 毫米，被毛；分枝多集中于基部，最下部分枝较长，平卧或上升，上部分枝较短，斜展。叶条形或倒披针形，长 1.5~2.5 厘米，宽 0.2~0.5 厘米，先端急尖具小尖头，基部渐狭，1 脉。穗状花序顶生和侧生，细长，稀疏，圆柱形，长 (1.5)3~6 厘米；苞片由条状披针形至卵形，长 5~20 毫米，宽约 2 毫米，先端渐尖，基部渐狭，被毛，1 脉，膜质缘较窄，全部掩盖果实。花被片 1，矩圆形或宽椭圆形，顶端具不规则的细齿；雄蕊 1~5，超过花被片。果实较小，广椭圆形，长 1.5~2.25(3) 毫米，宽 1~1.5 毫米，顶端近圆形，基部楔形，背部强烈凸起，腹面凹入；果核与果同形，灰绿色，具光泽，有时具泡状突起，无毛；果喙极短，喙尖为喙长的 1/2；翅极窄，几近无翅，浅黄绿色，全缘。花果期 7~9 月。

碟果虫实 *Corispermum patelliforme* Iljin

形态特征：株高 10~45 厘米，茎直立，圆柱状，直径 3~5 毫米，分枝多，集中于中、上部，斜升。叶较大，长椭圆形或倒披针形，长 1.2~4.5 厘米，宽 0.5~1 厘米，先端圆形具小尖头，基部渐狭，3 脉，干时皱缩。穗状花序圆柱状，具密集的花。苞片与叶有明显的区别，花序中、上部的苞片卵形和宽卵形，少数下部的苞片宽披针形，长 0.5~1.5 厘米，宽 3~7 毫米，先端急尖或骤尖具小尖头，基部圆形，具较狭的白膜质边缘，3 脉，果期苞片掩盖果实。花被片 3，近轴花被片 1，宽卵形或近圆形，长约 1 毫米，宽约 1.4 毫米；远轴花被片 2，较小，三角形。雄蕊 5，花丝钻形，其长与花被片长相等或稍长。果实圆形或近圆形，直径 2.6~4 毫米，扁平，背面平坦，腹面凹入，棕色或浅棕色，光亮，无毛和其他附属物；果翅极狭，向腹面反卷故果呈碟状；果喙不显。花果期 8~9 月。生于荒漠地区的流动和半流动沙丘上。

盐生草属

白茎盐生草　*Halogeton arachnoideus* Moq.

　　形态特征：一年生草本植物，高 10~40 厘米。茎直立，自基部分枝；枝互生，灰白色。叶片圆柱形；花通常 2~3 朵，簇生叶腋；小苞片卵形，边缘膜质；花被片宽披针形，膜质；子房卵形；果实为胞果，果皮膜质；种子横生，圆形。花果期 7~8 月。它的植株用火烧成灰后，可以取碱。

梭梭属

梭梭 *Haloxylon ammodendron* (C. A. Mey.) Bge.

形态特征：小乔木，高 1~9 米，树干地径可达 50 厘米。树皮灰白色，木材坚而脆；老枝灰褐色或淡黄褐色，通常具环状裂隙；当年枝细长，斜升或弯垂，节间长 4~12 毫米，直径约 1.5 毫米。叶鳞片状，宽三角形，稍开展，先端钝，腋间具棉毛。花着生于二年生枝条的侧生短枝上；小苞片舟状，宽卵形，与花被近等长，边缘膜质；花被片矩圆形，先端钝，背面先端之下 1/3 处生翅状附属物；翅状附属物肾形至近圆形，宽 5~8 毫米，斜伸或平展，边缘波状或啮蚀状，基部心形至楔形；花被片在翅以上部分稍内曲并围抱果实；花盘不明显。胞果黄褐色，果皮不与种子贴生。种子黑色，直径约 2.5 毫米；胚盘旋成上面平下面凸的陀螺状，暗绿色。花期 5~7 月，果期 9~10 月。

盐爪爪属

尖叶盐爪爪　*Kalidium cuspidatum* (Ung.~Sternb.) Grub.

形态特征：小灌木。20~40 厘米，茎自基部分枝，斜升。叶互生，肉质，卵形，长 1.5~3.0 毫米，宽 1~1.5 毫米。先端尖锐，稍内弯，基部半抱茎，下延。穗状花序顶生，肉质，长 5~15 毫米，花无梗，每 3 花生于一鳞状苞片内。胞果圆形，果皮膜质。

黄毛头　*Kalidium cuspidatum* (Ung.~Sternb.) Grubov var. sinicum A. J. Li

形态特征: 为小灌木,高 20~40 厘米。茎自基部分枝;枝近于直立,灰褐色,小枝黄绿色。叶片卵形,长 1.5~3 毫米,宽 1~1.5 毫米,顶端急尖,稍内弯,基部半抱茎,下延。花序穗状,生于枝条的上部,长 5~15 毫米,直径 2~3 毫米;花排列紧密,每 1 苞片内有 3 朵花;花被合生,上部扁平成盾状,盾片成长五角形,具狭窄的翅状边缘胞果近圆形,果皮膜质;种子近圆形,淡红褐色,直径约 1 毫米,有乳头状小突起。花果期 7~9 月。

地肤属

伊朗地肤　*Kochia iranica* Litv. ex Bornm.

　　形态特征：一年生草本，高达 50 厘米，全株有密棉毛，呈灰白色。茎直立，下部木质化，通常有极多的分枝；分枝多集中在茎的上部，较硬直，不规则伸展，黄白色或带紫红色。叶为平面叶，无柄，有半贴伏的长柔毛；茎上部叶卵形至椭圆形，通常长 1.5~3 毫米，宽 1~2 毫米；茎下部叶条形至矩圆状条形，长可达 1.8 厘米，先端急尖或短渐尖，基部渐狭。花两性，通常 2~3 朵团集于叶腋；花被绿色，有密柔毛；花被的翅状附属物菱形至扇形，膜质，具多条黄褐色脉纹，前部边缘啮蚀状；柱头 2，丝状，外伸，花柱短，约等于柱头长的 1/4。胞果卵形，果皮厚膜质。种子暗褐色，平滑，无光泽，长约 1 毫米；胚环形，胚乳块状，褐色。花果期 7~10 月。

黑翅地肤 *Kochia melanoptera* Bunge

形态特征：一年生草本，高 15~40 厘米。茎直立，多分枝，有条棱及不明显的色条；枝斜上，有柔毛。叶圆柱状或近棍棒状，长 0.5~2 厘米，宽 0.5~0.8 毫米，蓝绿色，有短柔毛，先端急尖或钝，基部渐狭，有很短的柄。花两性，通常 1~3 个团集，遍生叶腋；花被近球形，带绿色，有短柔毛；花被附属物3 个较大，翅状，披针形至狭卵形，平展，有粗壮的黑褐色脉，或为紫红色或褐色脉，2 个较小的附属物通常呈钻状，向上伸；雄蕊5，花药矩圆形，花丝稍伸出花被外；柱头2，淡黄色，花柱很短。胞果具厚膜质果皮。种子卵形；胚乳粉质，白色。花果期 8~9 月。

盐角草属

盐角草 *Salicornia europaea* L.

形态特征：高 3(5)~10(20) 厘米，植株常发红色，茎直立，自基部分枝，直伸或上升，小枝肉质，叶肉质多汁，几不发育，近圆球形，长 2~3 毫米，灰绿色，基部下延，抱茎或半抱茎，成叶鞘状，仅在顶部呈近圆球形突起.穗状花序，长 1~2.5 厘米，直径 3~4 毫米，互生于近圆球形突起的苞叶叶片中，每苞叶聚生 3 朵花，花基部稍联合；雄蕊 1~2，长过花被，子房卵形，两侧扁，柱头 2 种子卵圆形或圆形，种皮黄褐色，密生乳头状小突起.花果期 7~9 月。

猪毛菜属

木本猪毛菜　*Salsola arbuscula* Pall.

　　形态特征：小灌木。高 40~100 厘米，多分枝，老枝灰褐色，有纵裂纹，幼枝苍白色，有光泽。叶互生，半圆柱形，长 0.5~3 厘米，宽 1~2 毫米，肉质，灰绿色或绿色。穗状花序，生于枝顶部；苞片条形，小苞片长卵形，长于花被；花被片 5，矩圆形，翅膜质，黄褐色，花被片翅以上部分向外反折，呈莲座状；花药顶部有附属物，狭披针形；柱头钻形。胞果倒圆锥形，果皮膜质，黄褐色。种子横生，直径 2~2.5 毫米。

薄翅猪毛菜　*Salsola pellucida* Litv.

　　形态特征：一年生草本，高20~60厘米；茎直立，绿色，多分枝；茎、枝粗壮，有白色条纹，密生短硬毛。叶片半圆柱形，长1.5~2.5厘米，宽1.5~2毫米，顶端有刺状尖。花序穗状，苞片比小苞片长。花被片平滑或粗糙，果时变硬，自背面的中下部生翅，翅薄膜质，无色透明，3个为半圆形，有数条粗壮而明显的脉，2个较狭窄。花被果时（包括翅）直径7~12毫米；花被片在翅以上部分，顶端有稍坚硬的刺状尖或为膜质的细长尖，聚集成细长的圆锥体；柱头丝状，比花柱长。种子横生。花期7~8月，果期8~9月。

刺沙蓬 *Salsola ruthenica Iljin var. ruthenica*

  形态特征：一年生草本，高 30~100 厘米；茎直立，自基部分枝，茎、枝生短硬毛或近于无毛，有白色或紫红色条纹。叶片半圆柱形或圆柱形，无毛或有短硬毛，长 1.5~4 厘米，宽 1~1.5 毫米，顶端有刺状尖，基部扩展，扩展处的边缘为膜质。花序穗状，生于枝条的上部；苞片长卵形，顶端有刺状尖，基部边缘膜质，比小苞片长；小苞片卵形，顶端有刺状尖；花被片长卵形，膜质，无毛，背面有 1 条脉；花被片果时变硬，自背面中部生翅；翅 3 个较大，肾形或倒卵形，膜质，无色或淡紫红色，有数条粗壮而稀疏的脉，2 个较狭窄，花被果时（包括翅）直径 7~10 毫米；花被片在翅以上部分近革质，顶端为薄膜质，向中央聚集，包覆果实；柱头丝状，长为花柱的 3~4 倍。种子横生，直径约 2 毫米。花期 8~9 月，果期 9~10 月。

新疆猪毛菜　*Salsola sinkiangensis* A. J. Li

　　形态特征：一年生草本，高 15~30 厘米；茎自基部分枝，枝条密集，有白色条纹，密生硬毛。叶互生，叶片丝状半圆柱形，长 1~1.5 厘米，宽 0.5~0.8 毫米，绿色，肉质，有短硬毛，顶端有刺状尖，基部稍扩展，不下延。花单生于苞腋，遍布于全植株；苞片宽披针形，顶部延伸，有刺状尖，长于小苞片；小苞片 2，披针形；花被 5 深裂，花被片卵状披针形，膜质，无毛，顶部尖，果时变硬，自背面中部生翅；翅膜质，淡紫红色或黄褐色，3 个为倒卵形，有粗壮而稀疏的，基部联合的脉，2 个较狭窄，花被果时（包括翅）直径 5~6 毫米；花被片在翅以上部分，顶端尖，向中央聚集，形成短的圆锥体；雄蕊 5；花丝狭条形；花药矩圆形，长约 0.5 毫米，顶端有附属物；附属物白色，较小，顶端钝；柱头丝状，长为花柱的 2 倍。果实为胞果；种子横生，直径 1.5~2 毫米。花期 7~8 月。果期 9~10 月。

碱蓬属

碱蓬 *Suaeda glauca* (Bunge) Bunge

形态特征：一年生草本，高可达 1 米。茎直立，粗壮，圆柱状，浅绿色，有条棱，上部多分枝；枝细长，上升或斜伸。叶丝状条形，半圆柱状，通常长 1.5~5 厘米，宽约 1.5 毫米，灰绿色，光滑无毛，稍向上弯曲，先端微尖，基部稍收缩。花两性兼有雌性，单生或 2~5 朵团集，大多着生于叶的近基部处；两性花花被杯状，长 1~1.5 毫米，黄绿色；雌花花被近球形，直径约 0.7 毫米，较肥厚，灰绿色；花被裂片卵状三角形，先端钝，果实增厚，使花被略呈五角星状，千后变黑色；雄蕊 5，花药宽卵形至矩圆形，长约 0.9 毫米；柱头 2，黑褐色，稍外弯。胞果包在花被内，果皮膜质。种子横生或斜生，双凸镜形，黑色，直径约 2 毫米，周边钝或锐，表面具清晰的颗粒状点纹，稍有光泽；胚乳很少。花果期 7~9 月。其营养丰富，是一种优质蔬菜和油料作物。

盐地碱蓬 *Suaeda salsa* (L.) Pall.

形态特征：一年生草本，高 20~80
厘米，绿色或紫红色。茎直立，圆柱状，黄
褐色，有微条棱，无毛；分枝多集中于茎的
上部，细瘦，开散或斜升。叶条形，半圆柱
状，通常长 1~2.5 厘米，宽 1~2 毫米，先
端尖或微钝，无柄，枝上部的叶较短。团伞
花序通常含 3~5 花，腋生，在分枝上排列成
有间断的穗状花序；小苞片卵形，几全缘；
花两性，有时兼有雌性；花被半球形，底面
平；裂片卵形，稍肉质，具膜质边缘，先端钝，
果时背面稍增厚，有时并在基部延伸出三角
形或狭翅状突出物；花药卵形或矩圆形，长
0.3~0.4 毫米；柱头 2，有乳头，通常带黑褐
色，花柱不明显。胞果包于花被内；果皮膜质，
果实成熟后常常破裂而露出种子。种子横生，
双凸镜形或歪卵形，直径 0.8~1.5 毫米，黑
色，有光泽，周边钝，表面具不清晰的网点纹。
花果期 7~10 月。

石竹科

裸果木属

裸果木 *Gymnocarpos przewalskii* Bunge ex Maxim.

形态特征:亚灌木状,高50~100厘米。茎曲折,多分枝;树皮灰褐色,剥裂;嫩枝赭红色,节膨大。叶几无柄,叶片稍肉质,线形,略成圆柱状,顶端急尖,具短尖头,基部稍收缩;托叶膜质,透明,鳞片状。聚伞花序腋生;苞片白色,膜质,透明,宽椭圆形,子房近球形。瘦果包于宿存萼内;种子长圆形,直径约0.5毫米,褐色。花期5~7月,果期8月。嫩枝骆驼喜食;可作固沙植物。

拟漆姑属

二蕊拟漆姑　*Spergularia diandra* (Guss.) Heldr.

形态特征：一年生草本，高 5~15 厘米，全株被短腺毛，有时下部无毛。茎匍匐或直立、纤细，分枝。叶片狭线形或几为圆柱状，长 5~20 毫米，宽 0.3~0.5 毫米，顶端钝；托叶膜质，具三棱，顶端尖，下部 1/2 或 1/3 联合。花小，集为疏总状聚伞花序；花梗细，较花萼长 2~6 倍，稍偏向一边；萼片长圆状卵形，长 1.5~2.5 毫米，宽约 1 毫米，顶端钝，边缘白色，膜质；花瓣淡紫红色，长圆状椭圆形，短于萼片；雄蕊 3 (~2)。蒴果卵圆形，等长或微长于宿存萼；种子极小，卵形，直径约 0.5 毫米，淡褐色，无翅。花期 5~7 月，果期 6~9 月。

拟漆姑　*Spergularia marina* (L.) Grisebach

　　形态特征：一年生草本，高10~30厘米。茎丛生，铺散，多分枝，上部密被柔毛。叶片线形，长5~30毫米，宽1~1.5毫米，顶端钝，具凸尖，近平滑或疏生柔毛；托叶宽三角形，长1.5~2毫米，膜质。花集生于茎顶或叶腋，成总状聚伞花序，果时下垂；花梗稍短于萼，果时稍伸长，密被腺柔毛；萼片卵状长圆形，长3.5毫米，宽1.5~1.8毫米，外面被腺柔毛，具白色宽膜质边缘；花瓣淡粉紫色或白色，卵状长圆形或椭圆状卵形，长约2毫米，顶端钝；雄蕊5；子房卵形。蒴果卵形，长5~6毫米，3瓣裂；种子近三角形，略扁，长0.5~0.7毫米，表面有乳头状凸起，多数种子无翅，部分种子具翅。花期5~7月，果期6~9月。

毛茛科

水毛茛属

水毛茛 *Batrachium bungei* (Steud.) L. Liou

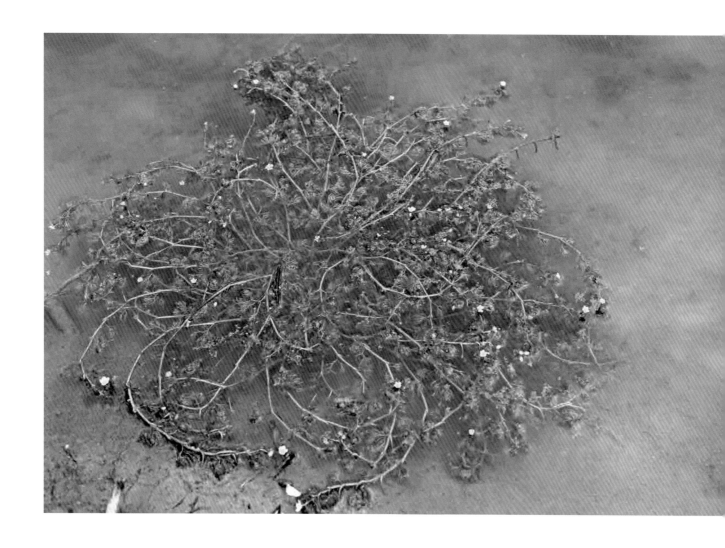

　　形态特征：多年生沉水草本植物。茎长 30 厘米以上，具节。叶具短或长柄；叶片轮廓为半圆形，直径 2~4 厘米，3~5 回 2~3 裂，裂片丝形；叶柄长 7~20 毫米，基部有宽或狭鞘，鞘长 3~4 毫米。5~6 月开花，花直径 1~1.5(~2) 厘米，花梗长 2~5 厘米；萼片反折，卵状椭圆形，长 2.5~4 毫米，花瓣白色，倒卵形，长 5~9 毫米；花托有毛。聚合果卵球形，直径约 3.5 毫米；瘦果 20~40，狭倒卵形，长 1.2~2 毫米。

铁线莲属

黄花铁线莲　*Clematis intricata* Bunge

　　形态特征：草质藤本，有时为直立草本；叶对生，全缘或羽状复叶；花单生或排成圆锥花序；萼片 4~5；花瓣缺；雄蕊多数；雌蕊多数，有胚珠 1 颗；果为一瘦果，结成一头状体，顶冠以宿存的花柱。二回三出复叶；小叶片常 2~3 全裂、深裂、浅裂，裂片全缘或有锯齿。花黄色，单生或为聚伞花序，腋生或顶生。萼片 4，斜上展，花萼钟状。雄蕊花丝疏生柔毛。

碱毛茛属

水葫芦苗　*Halerpestes cymbalaria* (Pursh) Greene

　　形态特征：多年生草本，具匍匐茎。叶均基生，叶片近圆形、肾形或宽卵形，长0.4~2.5厘米，宽0.4~2.8厘米，3或5浅裂，有时3裂近中部，基部宽楔形、截形或心形，基出脉3条；叶柄长3~13厘米。花茎高4.5~16厘米；苞片条形；花径约7毫米；萼片5，淡绿色，宽椭圆形，无毛；花瓣5，黄色，狭椭圆形，基部具蜜槽；雄蕊和心皮均多数。聚合果卵球形，长达6毫米；瘦果紧密排列，扁，具纵肋。

长叶碱毛茛　*Halerpestes ruthenica* (Jacq.) Ovcz.

　　形态特征:是多年生草本。匍匐茎长达30厘米。叶簇生;叶片卵状或椭圆状梯形。花葶高10~20厘米,
单一或上部分枝,有1~3花,苞片线形,萼片绿色,5,卵形,花瓣黄色,6~12枚,倒卵形。聚合果卵球形,
瘦果极多,紧密排列,斜倒卵形,边缘有狭棱;两面有3~5条分歧的纵肋,喙短而直。花果期5月至8月。
可制作藏药用于治火烧。

毛茛属

茴茴蒜　*Ranunculus chinensis* Bunge

　　形态特征：一年生草本。须根多数簇生。茎直立粗壮，高 20~70 厘米，直径在 5 毫米以上，中空，有纵条纹，分枝多，与叶柄均密生开展的淡黄色糙毛。基生叶与下部叶有长达 12 厘米的叶柄，为 3 出复叶，叶片宽卵形至三角形，长 3~8 厘米，小叶 2~3 深裂，裂片倒披针状楔形，宽 5~10 毫米，上部有不等的粗齿或缺刻或 2~3 裂，顶端尖，两面伏生糙毛，小叶柄长 1~2 厘米或侧生小叶柄较短，生开展的糙毛。上部叶较小和叶柄较垃，叶片 3 全裂，裂片有粗齿牙或再分裂。花序有较多疏生的花，花梗贴生糙毛；花直径 6~12 毫米；萼片狭卵形，长 3~5 毫米，外面生柔毛；花瓣 5，宽卵圆形，与萼片近等长或稍长，黄色或上面白色，基部有短爪，蜜槽有卵形小鳞片；花药长约 1 毫米；花托在果期显著伸长，圆柱形，长达 1 厘米，密生白短毛。聚合果长圆形，直径 6~10 毫米；瘦果扁平，长 3~3.5 毫米，宽约 2 毫米，为厚的 5 倍以上，无毛，边缘有宽约 0.2 毫米的棱，喙极短，呈点状，长 0.1~0.2 毫米。花果期 5 月至 9 月。

十字花科

荠属

荠菜 *Capsella bursa ~ pastoris* (L.) Medic.

形态特征：高 30~40 厘米，主根瘦长，白色，直下，分枝。茎直立，单一或基部分枝。基生叶丛生，埃地，莲座状、叶羽状分裂，稀全缘，上部裂片三角形，不整齐，顶片特大，叶片有毛，叶耙有翼。茎生叶狭披针形或披针形，顶部几成线形，基部成耳状抱茎，边缘有缺刻或锯齿，或近于全缘，叶两面生有单一或分枝的细柔毛，边缘疏生白色长睫毛。花多数，顶生成腋生成总状花序，开花时茎高 20~50 厘米，总状花序顶生和腋生。花小，白色，两性。萼 4 片，绿色，开展，卵形，基部平截，具白色边缘，十字花冠。短角果扁平。花瓣倒卵形，有爪，4 片，白色，十字形开放，径约 2.5 毫米；雄蕊 6，4 强，基部有绿色腺体；雌蕊 1，子房三角状卵形，花柱极短。短角果呈倒三角形，无毛，扁平，先端微凹，长 6~8 毫米，宽 5~6 毫米，具残存的花柱。种子约 20~25 粒，成 2 行排列，细小，倒卵形，长约 0.8 毫米。花期 3~5 月。以嫩叶供食，其营养价值很高，也具有很高的药用价值。分布于世界各地，中国自古就采集野生荠菜食用，荠菜的营养价值很高。食用方法多种多样。具有很高的药用价值，具有和脾、利水、止血、明目的功效，常用于治疗产后出血、痢疾、水肿、肠炎、胃溃疡、感冒发热、目赤肿疼等症。

群心菜属

毛果群心菜　*Cardaria pubescens* (C. A. Mey.) Jarm.

形态特征：花序有柔毛；短角果球形或近圆形，果瓣半球形或凸出，无龙骨状脊或脊不明显，有柔毛。

独行菜属

独行菜 *Lepidium apetalum* Willd.

　　形态特征：一年生或二年生草本，高5~30厘米；茎直立或斜升，多分枝，被微小头状毛。基生叶莲座状，平铺地面，羽状浅裂或深裂，叶片狭匙形；茎生叶狭披针形至条形，有疏齿或全缘；总状花序顶生；花小，不明显；花梗丝状，被棒状毛；萼片舟状，呈椭圆形，无毛或被柔毛，具膜质边缘；花瓣极小，匙形，白色。短角果近圆形，种子椭圆形，棕红色，平滑。嫩叶作野菜食用；全草及种子供药用，有利尿、止咳、化痰功效；种子作葶苈子用，可作药用，亦称事苗子；亦可榨油。

钝叶独行菜　*Lepidium obtusum* Basiner

　　形态特征:多年生草本,高70~100厘米,灰蓝色;茎直立。分枝,无毛。叶革质,长圆形,长1.5~12
厘米,宽3~20毫米,顶端钝,基部渐狭,全缘或边缘稍有1~2锯齿,两面无毛,中脉及侧脉显明;无柄
或近无柄。总状花序在果期成头状;花梗长1~3毫米,有柔毛;萼片宿存,卵形,长约1毫米,外面有
细柔毛;花瓣白色,倒卵形,长约2毫米。短角果宽卵形,长及宽各1.5~2毫米,顶端圆形,基部心形,
无毛也无翅,果瓣无中脉,网脉不显明,无花柱,柱头宿存;果梗细,长2~3毫米。种子卵形,长约1
毫米,棕色。花果期7~8月。

葶菜属

沼生葶菜　*Rorippa islandica* (Oeder) Borbas

　　形态特征：一或二年生草本，高（10）20~50厘米，光滑无毛或稀有单毛。茎直立，单一成分枝，下部常带紫色，具棱。基生叶多数，具柄；叶片羽状深裂或大头羽裂，长圆形至狭长圆形，长5~10厘米，宽1~3厘米，裂片3~7对，边缘不规则浅裂或呈深波状，顶端裂片较大，基部耳状抱茎，有时有缘毛；茎生叶向上渐小，近无柄，叶片羽状深裂或具齿，基部耳状抱茎。总状花序顶生或腋生，果期伸长，花小，多数，黄色成淡黄色，具纤细花梗，长3~5毫米；萼片长椭圆形，长1.2~2毫米，宽约0.5毫米；花瓣长倒卵形至楔形，等于或稍短于萼片；雄蕊6，近等长，花丝线状。短角果椭圆形或近圆柱形，有时稍弯曲，长3~8毫米，宽1~3毫米，果瓣肿胀。种子每室2行，多数，褐色，细小，近卵形而扁，一端微凹，表面具细网纹；子叶缘倚胚根。花期4~7月，果期6~8月。

蔷薇科

委陵菜属

蕨麻　*Potentilla anserina* L.

　　形态特征：多年生草本。植物整个植株呈粗网状平铺在地面上。它春季发芽，夏季长出众多紫红色的须茎，匍匐地面，伸向四方，节外生根，犹如蛛网。其叶正面深绿，背后如羽毛，密生白细绵毛，宛若鹅绒，故学名又叫鹅绒委陵菜。根纤细，中部或末端膨大呈纺锤形或球形。春、秋季采挖块根。茎长匍匐，节上生不定根，并形成新植株。羽状复叶，背面密被灰白色毛。花单生，黄色，瘦果。花果期5~9月。具有较高的医疗和营养价值，它有着健胃补脾、生津止渴、益气补血的功能，故藏医称其为卓老沙僧，常以其入药。六七月间开花时的全草，还可用来收敛止血，止咳利痰，亦作滋补。

朝天委陵菜　*Potentilla supina* L.

　　形态特征：羽状复叶，草质，两面绿色，较柔，小叶7~17。花常单生，株高10~15厘米。茎自基部分枝，平铺或斜升，疏生柔毛。羽状复叶，基生叶有小叶，两面绿色，较柔，小叶7~17枚。小叶倒卵形或长圆形，边缘有缺刻状锯齿，上面无毛，下面微生柔毛或近无毛。茎生叶有时为三出复叶，托叶阔卵形，三浅裂。花单生叶腋，花瓣5片，黄色。幼苗：子叶近圆形，长约0.4厘米，基部心形，先端微凹，子叶具柄，长约0.5厘米，紫红色。初生叶1片，近圆形或卵形，先端具3齿，基部圆形，叶柄亦呈紫红色。有清热解毒，凉血，止痢功用。

豆科

黄耆属

荒漠黄耆 *Astragalus alaschanensis H. C. Fu*

　　形态特征：全株被半开展白色毛。茎极短缩，不明显。总状花序短缩，几无总花梗或集生于基部叶腋；苞片长圆形或宽披针形；小苞片线形或狭披针形；花萼管状；花冠粉红色或紫红色。荚果卵圆形或卵状长圆形，薄革质，假2室。花期5~6月，果期7~8月。

变异黄耆 *Astragalus variabilis* Bunge

形态特征：多年生草本，高10~20厘米，全体被灰白色伏贴毛。根粗壮直伸，黄褐色，木质化。茎丛生，直立或稍斜升，有分枝。羽状复叶有11~19片小叶；叶柄短；托叶小，离生，三角形或卵状三角形；小叶狭长圆形、倒卵状长圆形或线状长圆形，长3~10毫米，宽1~3毫米，先端钝圆或微凹，基部宽楔形或近圆形，上面绿色，疏被白色伏贴毛，下面灰绿色，毛较密。总状花序生7~9花；总花梗较叶柄稍粗；苞片披针形，较花梗短或等长，疏被黑色毛；花萼管状钟形，长5~6毫米，被黑白色混生的伏贴毛，萼齿线状钻形，长1~2毫米；花冠淡紫红色或淡蓝紫色，旗瓣倒卵状椭圆形，长约10毫米，先端微缺，基部渐狭成不明显的瓣柄，翼瓣与旗瓣等长，瓣片先端微缺，瓣柄较瓣片短，龙骨瓣较翼瓣短，瓣片与瓣柄等长；子房有毛。荚果线状长圆形，稍弯，两侧扁平，长10~20毫米，被白色伏贴毛，假2室。花期5~6月，果期6~8月。

锦鸡儿属

柠条锦鸡儿　*Caragana korshinskii* Kom.

形态特征：为灌木，高 1.5~5 米。根系发达，一般入土深达 5~6 米，最深的可达 9 米左右，水平伸展可达 20 余米。树皮金黄色，有光泽，小枝灰黄色，具条棱，密被绢状柔毛。羽状复叶，具小叶 12~16，倒披针形或矩圆状倒披针形，两面密生绢毛。花单生，花萼钟状，花冠黄色，蝶形，子房疏被短柔毛。荚果披针形或短圆状披针形，稍扁，革质，深红褐色。种子呈不规则肾形，淡褐色、黄褐色或褐色。

荒漠锦鸡儿　*Caragana roborovskyi* Kom.

形态特征：灌木，高 30~50 厘米。树皮黄褐色，条状剥裂；小枝黄褐色或灰褐色，具灰色棱条，嫩枝密被白色长柔毛，托叶狭三角形，中肋隆起，边缘膜质，先端具刺尖；叶轴全部宿存并硬化成针刺，长约 2 厘米，密被柔毛；小叶 3~5 对，宽倒卵形，长 5~7 毫米，宽 2~5 毫米，两面密被绢状长柔毛。花单生，花梗短，基部具关节，花萼筒形，萼齿狭三角形；蝶形花冠黄色，旗瓣倒宽卵形，翼瓣长椭圆形、耳条形，与爪等长。龙骨瓣先端锐尖，向内弯曲。荚果圆筒形，长 25~30 毫米，宽约 4 毫米，有毛，顶端渐尖。

甘草属

甘草 *Glycyrrhiza uralensis* Fisch.

形态特征：多年生草本；根与根状茎粗壮，直径1~3厘米，外皮褐色，里面淡黄色，具甜味。茎直立，多分枝，高30~120厘米，密被鳞片状腺点、刺毛状腺体及白色或褐色的绒毛，叶长5~20厘米；托叶三角状披针形，长约5毫米，宽约2毫米，两面密被白色短柔毛；叶柄密被褐色腺点和短柔毛；小叶5~17枚，卵形、长卵形或近圆形，长1.5~5厘米，宽0.8~3厘米，上面暗绿色，下面绿色，两面均密被黄褐色腺点及短柔毛，顶端钝，具短尖，基部圆，边缘全缘或微呈波状，多少反卷。总状花序腋生，具多数花，总花梗短于叶，密生褐色的鳞片状腺点和短柔毛；苞片长圆状披针形，长3~4毫米，褐色，膜质，外面被黄色腺点和短柔毛；花萼钟状，长7~14毫米，密被黄色腺点及短柔毛，基部偏斜并膨大呈囊状，萼齿5，与萼筒近等长，上部2齿大部分连合；花冠紫色、白色或黄色，长10~24毫米，旗瓣长圆形，顶端微凹，基部具短瓣柄，翼瓣短于旗瓣，龙骨瓣短于翼瓣；子房密被刺毛状腺体。荚果弯曲呈镰刀状或呈环状，密集成球，密生瘤状突起和刺毛状腺体。种子3~11，暗绿色，圆形或肾形，长约3毫米。花期6~8月，果期7~10月。是一种补益中草药。对人体很好的一种药，药用部位是根及根茎，药材性状根呈圆柱形，气微，味甜而特殊。功能主治清热解毒、祛痰止咳、脘腹等，根和根状茎供药用。

岩黄耆属

红花岩黄耆　*Hedysarum multijugum* Maxim.

形态特征：半灌木或仅基部木质化而呈草本状，高 40~80 厘米，茎直立，多分枝，具细条纹，密被灰白色短柔毛。叶长 6~18 厘米；托叶卵状披针形，棕褐色干膜质，4~6 毫米长，基部合生，外被短柔毛；叶轴被灰白色短柔毛；小叶通常 15~29，具约长 1 毫米的短柄；小叶片阔卵形、卵圆形，一般长 5~8（~15）毫米，宽 3~5（~8）毫米，顶端钝圆或微凹，基部圆形或圆楔形，上面无毛，下面被贴伏短柔毛。总状花序腋生，上部明显超出叶，花序长达 28 厘米，被短柔毛；花 9~25 朵，长 16~21 毫米，外展或平展，疏散排列，果期下垂，苞片钻状，长 1~2 毫米，花梗与苞片近等长；萼斜钟状，长 5~6 毫米，萼齿钻状或锐尖，短于萼筒 3~4 倍，下萼齿稍长于上萼齿或为其 2 倍，通常上萼齿间分裂深达萼筒中部以下，亦有时两侧萼齿与上萼间分裂较深；花冠紫红色或玫瑰状红色，旗瓣倒阔卵形，先端圆形，微凹，基部楔形，翼瓣线形，长为旗瓣的 1/2，龙骨瓣稍短于旗瓣；子房线形，被短柔毛。

细枝岩黄耆　*Hedysarum scoparium* Fisch. et Mey.

　　形态特征：多年生落叶大灌木，高90~300厘米，最高可达5米，丛幅达3~5米。树皮深黄色或淡黄色，常呈纤维状剥落，枝灰黄色或灰绿色。单数羽状复叶，植株下部有小叶7~11，上部具少数小叶，最上部的叶轴常无小叶，小时披针形、条状披针形、稀条状长圆形15~43毫米，宽1~3毫米，全缘，灰绿色，叶轴有毛。花序总状，总花梗比叶长，花梗长2~3毫米；花紫红色，长13~20毫米，旗瓣宽倒卵形，顶端微凹，无爪，翼瓣长圆形，龙骨瓣与旗瓣等长稍短；子房有毛。荚果有2~4个荚节，宽椭圆形或近宽卵形，膨胀，具明显网纹，密生白色柔毛。

百脉根属

细叶百脉根　*Lotus tenuis* Waldst. et Kitag. ex Willd.

　　形态特征：多年生草本，高20~100厘米，无毛或微被疏柔毛。我国产西北各省区。生于潮湿的沼泽地边缘或湖旁草地。多年生草本，高20~100厘米，无毛或微被疏柔毛。茎细柔，直立，节间较长，中空。羽状复叶小叶5枚；叶轴长2~3毫米；小叶线形至长圆状线形，长12~25毫米，宽2~4毫米，短尖头，大小略不相等，中脉不清晰；小叶柄短，几无毛。伞形花序；总花梗纤细，长3~8厘米；花1~3 (~5)朵，顶生，长8~13毫米；苞片1~3枚，叶状，比萼长1.5~2倍；花梗短；萼钟形，长5~6毫米，宽3毫米，几无毛，萼齿狭三角形渐尖，与萼筒等长；花冠黄色带细红脉纹，旗瓣圆形，稍长于翼瓣和龙骨瓣，翼瓣略短；雄蕊两体，上方离生1枚较短，其余9枚5长4短，分列成二组；花柱直，无毛，直角上指，子房线形，胚珠多数。荚果直，圆柱形，长2~4厘米，径2毫米；种子球形，径约1毫米，橄榄绿色，平滑。花期5~8月，果期7~9月。

苜蓿属

天蓝苜蓿 *Medicago lupulina* L.

　　形态特征：一、二年生或多年生草本，高15~60厘米，全株被柔毛或有腺毛。主根浅，须根发达。茎平卧或上升，多分枝，叶茂盛。羽状三出复叶；托叶卵状披针形，长可达1厘米，先端渐尖，基部圆或戟状，常齿裂；下部叶柄较长，长1~2厘米，上部叶柄比小叶短；小叶倒卵形、阔倒卵形或倒心形，长5~20毫米，宽4~16毫米，纸质，先端多少截平或微凹，具细尖，基部楔形，边缘在上半部具不明显尖齿，两面均被毛，侧脉近10对，平行达叶边，几不分叉，上下均平坦；顶生小叶较大，小叶柄长2~6毫米，侧生小叶柄甚短。花序小头状，具花10~20朵；总花梗细，挺直，比叶长，密被贴伏柔毛；苞片刺毛状，甚小；花长2~2.2毫米；花梗短，长不到1毫米；萼钟形，长约2毫米，密被毛，萼齿线状披针形，稍不等长，比萼筒略长或等长；花冠黄色，旗瓣近圆形，顶端微凹，翼瓣和龙骨瓣近等长，均比旗瓣短；子房阔卵形，被毛，花柱弯曲，胚珠1粒。荚果肾形，长3毫米，宽2毫米，表面具同心弧形脉纹，被稀疏毛，熟时变黑；有种子1粒。种子卵形，褐色，平滑。花期7~9月，果期8~10月。以全草入药。夏秋采，洗净晒干。具有清热利湿，凉血止血，舒筋活络的功用。用于黄疸型肝炎，便血，痔疮出血，白血病，坐骨神经痛，风湿骨痛，腰肌劳损。外用治蛇咬伤。

紫苜蓿　*Medicago sativa* L.

　　形态特征：多年生草本，高30~100厘米。根粗壮，深入土层，根茎发达。茎直立、丛生以至平卧，四棱形，无毛或微被柔毛，枝叶茂盛。羽状三出复叶；托叶大，卵状披针形，先端锐尖，基部全缘或具1~2齿裂，脉纹清晰；叶柄比小叶短；小叶长卵形、倒长卵形至线状卵形，等大，或顶生小叶稍大，长10~25毫米，宽3~10毫米，纸质，先端钝圆，具由中脉伸出的长齿尖，基部狭窄，楔形，边缘三分之一以上具锯齿，上面无毛，深绿色，下面被贴伏柔毛，侧脉8~10对，与中脉成锐角，在近叶边处略有分叉；顶生小叶柄比侧生小叶柄略长。花序总状或头状，长1~2.5厘米，具花5~30朵；总花梗挺直，比叶长；苞片线状锥形，比花梗长或等长；花长6~12毫米；花梗短，长约2毫米；萼钟形，长3~5毫米，萼齿线状锥形，比萼筒长，被贴伏柔毛；花冠各色：淡黄、深蓝至暗紫色，花瓣均具长瓣柄，旗瓣长圆形，先端微凹，明显较翼瓣和龙骨瓣长，翼瓣较龙骨瓣稍长；子房线形，具柔毛，花柱短阔，上端细尖，柱头点状，胚珠多数。荚果螺旋状紧卷2~4圈，中央无孔或近无孔，径5~9毫米，被柔毛或渐脱落，脉纹细，不清晰，熟时棕色；有种子10~20粒。种子卵形，长1~2.5毫米，平滑，黄色或棕色。花期5~7月，果期6~8月。

草木樨属

白花草市犀　*Melilotus alba* Medic. ex Desr.

形态特征：一年生或二年生草本,茎直立,圆柱形;托叶尖刺状锥形,小叶长圆形或倒披针状长圆形,总状花序腋生,苞片线形,花梗短,萼钟形,花冠白色,旗瓣椭圆形,子房卵状披针形,上部渐窄至花柱,无毛,荚果椭圆形至长圆形,种子卵形,棕色,表面具细瘤点。花期5~7月,果期7~9月。

黄香草市犀　*Melilotus officinalis* (L.) Pall.

形态特征：一年生或二年生草本，高达3米，全草有香气。羽状三出复叶，具3小叶；小叶椭圆形或倒披针形，长1.5~2.5厘米，宽3~6毫米，先端圆，具短尖头，边缘具锯齿；托叶三角形，基部宽，有时分裂。花排列成长穗状总状花序，腋生；花萼钟状，萼齿三角形；花冠蝶形，黄色，旗瓣与翼瓣等长。荚果椭圆形，稍有毛，网脉明显，有种子1粒；种子矩圆形，褐色。有抗菌作用。大量能延长凝血时间而不影响出血及凝血酶原时间，拮抗肾上腺素对离体兔耳血管之收缩；局部应用，可抑制甲醛、丙二醇引起的兔背部皮肤的毛细血管通透性增加。主治"发症"，结喉，狂犬病，久热，毒热。

棘豆属

猫头刺　*Oxytropis aciphylla* Ledeb.

　　形态特征：矮小丛生垫状半灌木。高10～20厘米，分枝多而密。叶轴宿存，呈硬刺状，密生平伏柔毛；托叶膜质，下部与叶柄连合；双数羽状复叶，小叶4～6片，条形，长5～15毫米，宽1～2毫米，先端渐尖，具刺尖，基部楔形，两面被银白色平伏柔毛，边缘常内卷。总状花序腋生，有花1～3朵，蓝紫色、红紫色以至白色；花萼筒状；花冠蝶形，旗瓣倒卵形，翼瓣短于旗瓣，龙骨瓣先端具喙。荚果长圆形，革质，长1～1.5厘米，外被平伏柔毛，背缝线深陷，隔膜发达。

小花棘豆 *Oxytropis glabra* (Lam.) DC.

形态特征：多年生草本，高20~80厘米。根细而直伸。茎分枝多，直立或铺散。长30~70厘米，无毛或疏被短柔毛。绿色。羽状复叶长5~15厘米；托叶草质，卵形或披针状卵形，彼此分离或于基部合生，长5~10毫米，无毛或微被柔毛；叶轴疏被开展或贴伏短柔毛；小叶11~19，披针形或卵状披针形，长5~25毫米，宽3~7毫米，先端尖或钝，基部宽楔形或圆形，上面无毛，下面微被贴伏柔毛。多花组成稀疏总状花序，长4~7厘米；总花梗长5~12厘米，通常较叶长，被开展的白色短柔毛；苞片膜质，狭披针形，长约2毫米，先端尖，疏被柔毛；花长6~8毫米；花梗长1毫米；花萼钟形，长42毫米。被贴伏白色短柔毛，有时混生少量的黑色短柔毛，萼齿披针状锥形，长1.5~2毫米；花冠淡紫色或蓝紫色，旗瓣长7~8毫米，瓣片圆形，先端微缺，翼瓣长6~7毫米，先端全缘，龙骨瓣长5~6毫米，喙长0.25~0.5毫米；子房疏被长柔毛。荚果膜质，长圆形，膨胀，下垂，长10~20毫米，宽3~5毫米，喙长1~1.5毫米，腹缝具深沟，背部圆形，疏被贴伏白色短柔毛或混生黑、白柔毛，后期无毛，1室；果梗长1~2.5毫米。花期6~9月，果期7~9月。

槐属

苦豆子 *Sophora alopecuroides* L.

形态特征：草本，或基部木质化成亚灌木状，高约 1 米。枝被白色或淡灰白色长柔毛或贴伏柔毛。羽状复叶；叶柄长 1~2 厘米；托叶着生于小叶柄的侧面，钻状，长约 5 毫米，常早落；小叶 7~13 对，对生或近互生，纸质，披针状长圆形或椭圆状长圆形，长 15~30 毫米，宽约 10 毫米，先端钝圆或急尖，常具小尖头，基部宽楔形或圆形，上面被疏柔毛，下面毛被较密，中脉上面常凹陷，下面隆起，侧脉不明显。总状花序顶生；花多数，密生；花梗长 3~5 毫米；苞片似托叶，脱落；花萼斜钟状，5 萼齿明显，不等大，三角状卵形；花冠白色或淡黄色，旗瓣形状多变，通常为长圆状倒披针形，长 15~20 毫米，宽 3~4 毫米，先端圆或微缺，或明显呈倒心形，基部渐狭或骤狭成柄，翼瓣常单侧生，稀近双侧生，长约 16 毫米，卵状长圆形，具三角形耳，皱褶明显，龙骨瓣与翼瓣相似，先端明显具突尖，背部明显呈龙骨状盖叠，柄纤细，长约为瓣片的二分之一，具 1 三角形耳，下垂；雄蕊 10，花丝不同程度连合，有时近两体雄蕊，连合部分疏被极短毛，子房密被白色近贴伏柔毛，柱头圆点状，被稀少柔毛。荚果串珠状，长 8~13 厘米，直，具多数种子；种子卵球形，稍扁，褐色或黄褐色。花期 5~6 月，果期 8~10 月。其较高的药用价值和生态功能，苦豆子资源的合理保护与开发利用越来越引起人们的重视，宁夏回族自治区已将苦豆子列入重点保护的六大地道药材之一，纳入国家中药现代化科技产业行动计划中，生产基地建设和深层次开发都有长足的发展。本植物的根（苦甘草）亦供药用。

苦马豆属

苦马豆 *Swainsonia salsula* (Pall.) Taubert

形态特征：多年生草本植物、高 20~60 厘米。茎直立，具开展的分枝，全株被灰白色短伏毛。单数羽状复叶，两面均被短柔毛。奇数羽状复叶；托叶披针形，小叶 13~19，倒卵状长圆形或椭圆形，长 7~15 毫米，基部近圆形或近楔形，先端钝而微凹，有时具 1 小刺尖，两面均被贴生的短毛，有时表面毛较少或近无毛。总状花序腋生，花冠红色比叶长；荚果宽卵形或矩圆形，膜质，膀胱状。种子肾形，褐色，苞披针形，长约 1 毫米；萼钟状、5 齿裂，花冠红色，长 12~13 毫米，旗瓣开展，两侧向外反卷，瓣片近圆形，长约 10 毫米，宽约 13 毫米，顶端微凹，基部具短爪，翼瓣比旗瓣稍短，与龙骨瓣近等长；子房有柄，线状长圆形，密被毛，花柱稍弯，内侧具纵列须毛。荚果卵圆形或长圆形，膨大成囊状，1 室。种子小，多数，肾形，褐色。花期 6~7 月，果期 7~8 月。以全草、根及果实入药。

野决明属

披针叶野决明　*Thermopsis lanceolata* R. Brown

形态特征：多年生草本，高 12~30 厘米。茎直立，分枝或单一，具沟棱，被黄白色贴伏或伸展柔毛。3 小叶；叶柄短，长 3~8 毫米；托叶叶状，卵状披针形，先端渐尖，基部楔形，长 1.5~3 厘米，宽 4~10 毫米，上面近无毛，下面被贴伏柔毛；小叶狭长圆形、倒披针形，长 2.5~7.5 厘米，宽 5~16 毫米，上面通常无毛，下面多少被贴伏柔毛。总状花序顶生，长 6~17 厘米，具花 2~6 轮，排列疏松；苞片线状卵形或卵形，先端渐尖，长 8~20 毫米，宽 3~7 毫米，宿存；萼钟形长 1.5~2.2 厘米，密被毛，背部稍呈囊状隆起，上方 2 齿连合，三角形，下方萼齿披针形，与萼筒近等长。花冠黄色，旗瓣近圆形，长 2.5~2.8 厘米，宽 1.7~2.1 厘米，先端微凹，基部渐狭成瓣柄，瓣柄长 7~8 毫米，翼瓣长 2.4~2.7 厘米，先端有 4~4.3 毫米长的狭窄头，龙骨瓣长 2~2.5 厘米，宽为翼瓣的 1.5~2 倍；子房密被柔毛，具柄，柄长 2~3 毫米，胚珠 12~20 粒。荚果线形，长 5~9 厘米，宽 7~12 毫米，先端具尖喙，被细柔毛，黄褐色，种子 6~14 粒。位于中央。种子圆肾形，黑褐色，具灰色蜡层，有光泽，长 3~5 毫米，宽 2.5~3.5 毫米。花期 5~7 月，果期 6~10 月。

蒺藜科

白刺属

小果白刺　*Nitraria sibirica* Pall.

形态特征：灌木，高 0.5~1.5 米，弯，多分枝，枝铺散，少直立。小枝灰白色，不孕枝先端刺针状。叶近无柄，在嫩枝上 4~6 片簇生，倒披针形，长 6~15 毫米，宽 2~5 毫米，先端锐尖或钝，基部渐窄成楔形，无毛或幼时被柔毛。聚伞花序长 1~3 厘米，被疏柔毛；萼片 5，绿色，花瓣黄绿色或近白色，矩圆形，长 2~3 毫米。果椭圆形或近球形，两端钝圆，长 6~8 毫米，熟时暗红色，果汁暗蓝色，带紫色，味甜而微咸；果核卵形，先端尖，长 4~5 毫米。花期 5~6 月，果期 7~8 月。

唐古特白刺（白刺） *Nitraria tangutorum* Bobr.

　　形态特征：匍匐性小灌木，叶互生，密生在嫩枝上，4~5簇生，倒卵状长椭圆形，叶长 1~2 厘米，先端钝，基部斜楔形，全缘，表面灰绿色，背面淡绿色，肉质，被细绢毛，无叶柄，托叶早落。花序顶生，蝎尾状聚伞花序，萼绿色，萼片三角形，花瓣黄白色。果实近球形，径 5 毫米左右，果实成熟时初为红色，后为黑色，酸、涩，有甜味，含多种人体需要的微量元素。花期 5~6 月，果熟期 7~8 月。

骆驼蓬属

骆驼蓬 *Peganum harmala* L.

　　形态特征：多年生草本植物，全株有特殊臭味。根肥厚而长。多分枝，分枝铺地散生，下部平卧，上部斜生，茎枝圆形有棱，光滑无毛。具有止咳平喘，祛风湿，消肿毒至功效。现代研究骆驼蓬所含的生物碱系原生质毒，并为单胺氧化酶抑制剂，对中枢神经系统、心血管系统均有作用，尚有抗肿瘤作用。此外，植物骆驼蓬的种子亦可药用，中药名：骆驼蓬子，具有止咳平喘，祛风湿，解郁的功效，同样有抗肿瘤作用，可用于胃癌、食管癌等症。

多裂骆驼蓬　*Peganum multisecta* (Maxim.) Bobr.

　　形态特征：多年生草本。根粗壮，褐色。茎直立或斜升，分枝多，分枝铺地散生。叶互生，二至三回羽状深裂，裂片条形，长约3厘米，宽1~1.5毫米，托叶条形，长约4毫米。花单生，较大，径2.5~3厘米；萼片3~5深裂，裂片条形，稍长于花瓣，花瓣5，白色或淡黄色；雄蕊15，花丝中下部宽扁；子房3室，花柱3。蒴果近球形，黄褐色，3瓣裂，种子略呈三棱形，黑褐色。内服可具有宣肺止咳、祛湿消肿、祛湿止痛的功效。

骆驼蒿 *Peganum nigellastrum* Bunge

形态特征:主根粗大,木质,垂直,常扭曲,有纤维状的根皮;根状茎粗壮,木质,直径可达 3~5 厘米,有营养枝。茎多数,丛生,高 30~60 厘米,稍纤细,自基部分枝;茎、枝幼时被短绒毛,后渐脱落。叶面绿色无毛,背面被白色绒毛,基生叶卵形或宽卵形,二(至三)回羽状全裂,花期凋谢;茎下部与中部叶宽卵形或卵形,长 2~4 厘米,宽 1.5~2 厘米,二回羽状全裂,每侧裂片 3~4 枚,裂片长椭圆形或长圆形,长 1~1.5 厘米,再次羽状全裂,每侧具小裂片 2~5 枚,小裂片狭线形或狭线状披针形,长 3~6 毫米,宽 0.3~1 毫米,先端钝,有小尖头,边反卷,叶柄长 0.5~1.3 厘米;上部叶羽状全裂,裂片 2~4 枚;苞片叶 3 裂或不分裂,线形。头状花序卵球形或卵状钟形,直径 2.5~3.5 毫米,具短梗或近无梗,略下倾,在分枝上密集或略稀疏,常排成短总状花序或为穗状花序,稀少单生于小枝的叶腋内,在茎上通常组成略狭窄的圆锥花序;总苞片 3 层,外层总苞片卵形或长卵形,背面被灰白色短绒毛,边缘狭膜质,中、内层总苞片长椭圆形或椭圆状卵形,边缘宽膜质至全膜质,背面毛少至无毛;雌花 10~15 朵,花冠狭管状,背面有疏腺点,檐部具 2~3 裂齿,花柱线形,伸出花冠外甚长,先端 2 叉,叉端尖锐;两性花 20~25 朵,花冠管状,背面有腺点,花药线形,先端附属物尖,长三角形,基部钝或有短尖头,花柱略比花冠管长,先端 2 叉,叉端斜叉开或略外弯,有时中央数朵花不孕育,花柱亦缩短。瘦果卵圆形。花果期 7~10 月。

蒺藜属

蒺藜 *Tribulus terrestris* L.

　　形态特征：一年生或多年生草本，全株密被灰白色柔毛。茎匍匐，由基部生出多数分枝，枝长30~60厘米，表面有纵纹。双数羽状复叶，对生，叶连柄长2.5~6厘米；托叶对生，形小，永存，卵形至卵状披针形；小叶5~7对，具短柄或几无柄，小叶片长椭圆形，长5~16毫米，宽2~6毫米，先端短尖或急尖，基部常偏斜，上面仅中脉及边缘疏生细柔毛，下面毛较密。花单生叶腋间，直径8~20毫米，花梗丝状；萼片5，卵状披针形，边缘膜质透明；花瓣5，黄色，倒广卵形；花盘环状；雄蕊10，生于花盘基部，其中5枚较长且与花瓣对生，在基部的外侧各有1小腺体，花药椭圆形，花丝丝状；子房上位，卵形，通常5室，花柱短，圆柱形，柱头5，线形。果五角形，直径约1厘米，由5个果瓣组成，成熟时分离，每果瓣呈斧形，两端有硬尖刺各一对，先端隆起，具细短刺。每分果有种子2~3枚。花期5~7月。果期7~9月。茎皮纤维可供作制纸之用；种子榨油可供作工业用，油饼则可作为肥料；全草于秋季时晒干可熏杀蚊虫；亦可作为牧草。

驼蹄瓣属

短果驼蹄瓣　*Zygophyllum fabago* L. *subsp. orientale* Boriss.

　　形态特征：多年生草本，高 30~80 厘米。根粗壮。茎多分枝，枝条开展或铺散，光滑，基部木质化。托叶革质，卵形或椭圆形，长 4~10 毫米，绿色，茎中部以下托叶合生，上部托叶较小，披针形，分离；叶柄显著短于小叶；小叶 1 对，倒卵形、矩圆状倒卵形，长 15~33 毫米，宽 6~20 厘米，质厚，先端圆形。花腋生；花梗长 4~10 毫米；萼片卵形或椭圆形，长 6~8 毫米，宽 3~4 毫米，先端钝，边缘为白色膜质；花瓣倒卵形，与萼片近等长，先端近白色，下部橘红色；雄蕊长于花瓣，长 11~12 毫米，鳞片矩圆形，长为雄蕊之半。蒴果矩圆状卵形，长 10~15 毫米，宽 4~5 毫米，5 棱，下垂。种子多数，长约 3 毫米，宽约 2 毫米，表面有斑点。花期 5~6，果期 6~9 月。

甘肃驼蹄瓣　*Zygophyllum kansuense* Y. X. Liou

　　形态特征：多年生草本，根木质，茎由基部分枝，托叶离生，圆形或披针形，边缘膜质；叶柄嫩时有乳头状突起和钝短刺毛，花梗具乳头状突起，后期脱落；萼片绿色，倒卵状椭圆形，花瓣与萼片近等长，白色，稍带橘红色；雄蕊短于花瓣，花期5~7月，果期6~8月。

蝎虎驼蹄瓣　*Zygophyllum mucronatum* Maxim.

　　形态特征：多年生草本，高15~25厘米。根木质。茎多数，多分枝，细弱，平卧或开展，具沟棱和粗糙皮刺。托叶小，三角状，边缘膜质，细条裂；叶柄及叶轴具翼，翼扁平，有时与小叶等宽；小叶2~3对，条形或条状矩圆形，长约1厘米，顶端具刺尖，基部稍钝。花1~2朵腋生，花梗长2~5毫米；萼片5，狭倒卵形或矩圆形，长5~8毫米，宽3~4毫米；花瓣5，倒卵形，稍长于萼片，上部近白色，下部橘红色，基部渐窄成爪；雄蕊长于花瓣，花药矩圆形，桔黄色，鳞片长达花丝之半。蒴果披针形、圆柱形，稍具5棱，先端渐尖或锐尖，下垂，5心皮，每室有1~4种子。种子椭圆形或卵形，黄褐色，表面有密孔。花期6~8月，果期7~9月。

霸王属

霸王　*Zygophyllum xanthoxylum* (Bunge) Maxim.

　　形态特征：灌木，高 50~100 厘米。枝弯曲，开展，皮淡灰色，木质部黄色，先端具刺尖，坚硬。叶在老枝上簇生，幼枝上对生；叶柄长 8~25 毫米；小叶 1 对，长匙形，狭矩圆形或条形，长 8~24 毫米，宽 2~5 毫米，先端圆钝，基部渐狭，肉质，花生于老枝叶腋；萼片 4，倒卵形，绿色，长 4~7 毫米；花瓣 4，倒卵形或近圆形，淡黄色，长 8~11 毫米；雄蕊 8，长于花瓣。蒴果近球形，长 18~40 毫米，翅宽 5~9 毫米，常 3 室，每室有 1 种子。种子肾形，长 6~7 毫米，宽约 2.5 毫米。花期 4~5 月，果期 7~8 月。2n=22。

柽柳科

红砂属

红砂　*Reaumuria soongarica* (Pall.) Maxim.

　　形态特征：小灌木，仰卧，高 10~30 厘米，多分枝，老枝灰褐色，树皮为不规则的波状剥裂，小枝多拐曲，皮灰白色，粗糙，纵裂。叶肉质，短圆柱形，鳞片状，上部稍粗，长 1~5 毫米，宽 0.5~1 毫米，常微弯，先端钝，浅灰蓝绿色，具点状的泌盐腺体，常 4~6 枚簇生在叶腋缩短的枝上，花期有时叶变紫红色。小枝常呈淡红色。花单生叶腋（实为生在极度短缩的小枝顶端），或在幼枝上端集为少花的总状花序状；花无梗；直径约 4 毫米；苞片 3，披针形，先端尖，长 0.5~0.7 毫米；花萼钟形，下部合生，长 1.5~2.5 毫米，裂片 5，三角形，边缘白膜质，具点状腺体；花瓣 5，白色略带淡红，长圆形，长约 4.5 毫米，宽约 2.5 毫米，先端钝，基部楔状变狭，张开，上部向外反折，下半部内侧的 2 附属物倒披针形，薄片状，顶端縫状。着生在花瓣中脉的两侧；雄蕊 6~8，分离，花丝基部变宽，几与花瓣等长；子房椭圆形，花柱 3，具狭尖之柱头。蒴果长椭圆形或纺锤形，或作三棱锥形，长 4~6 毫米，宽约 2 毫米，高出花萼 2~3 倍，具 3 棱，3 瓣裂（稀 4），通常具 3~4 枚种子。种子长圆形，长 3~4 毫米，先端渐尖，基部变狭，全部被黑褐色毛。花期 7~8 月，果期 8~9 月。

柽柳属

甘肃柽柳 *Tamarix gansuensis* H. Z. Zhang

形态特征: 灌木,高2~3米,茎和老枝紫褐色或棕褐色,枝条稀疏。叶披针形,长2~6毫米,宽0.5~1毫米,基部半抱茎,具耳。总状花序侧生于去年生的枝条上,单生,长6~8厘米,宽约5毫米;苞片卵状披针形或阔披针形,渐尖,长1.5~2.5毫米,薄膜质,易脱落;花梗长1.2~2毫米;花5数为主,混生有不少4数花,稀有以4数为主,混生有5数花;花萼基部略结合,萼片卵圆形,先端渐尖,长约1毫米,宽约0.5毫米,边缘膜质;花瓣淡紫色或粉红色,卵状长圆形,先端钝,长约2毫米,宽1~1.5毫米,花后半落;花盘紫棕色,5裂,裂片钝或微凹;雄蕊5,花丝细长,长达3毫米,多超出花冠,着生于花盘裂片间,或裂片顶端(假顶生),4数花之花盘4裂,花丝着生于花盘裂片顶端;子房狭圆锥状瓶形,花柱3,柱头头状,伸出花冠之外。蒴果圆锥形,有种子25~30粒。花期4月末~5月中。

多花柽柳　*Tamarix hohenackeri* Bunge

形态特征：灌木或小乔木，高1~6米；老枝树皮灰褐色，二年生枝条暗红紫色。绿色营养枝上的叶小，线状披针形或卵状披针形；木质化生长枝上的叶几抱茎。春夏季均开花；苞片条状长圆形，比花梗略长，或与花萼等长；花萼片卵圆形，齿牙状；花瓣玫瑰色或粉红色；花盘暗紫红色；雄蕊与花瓣等长或略长，花药心形；花柱棍棒状匙形。蒴果长4~5毫米，超出花萼4倍。花期，春季开花5~6月上旬，夏季开花直到秋季。生于荒漠河岸林中，荒漠河、湖沿岸沙地广阔的冲积淤积平原上的轻度盐渍化土壤上。多花柽柳能耐~32.9℃的严寒，开花期长，适于荒漠地区绿化固沙造林之用。常与多枝柽柳、密花柽柳、细穗柽柳和长穗柽柳发生天然杂交。

多枝柽柳　*Tamarix ramosissima* Ledeb.

形态特征：高 1~5 米，枝条细瘦，红棕色，叶披针形，长 2~5 厘米，总状花序密生在当年生枝上，组成顶生大圆锥花序；果实为蒴果三角状圆锥形。不仅是优良的防风固沙植物，同时还是水土保持树种和盐碱地的绿化造林树种，而且还是良好的薪炭、编制和建筑用材。

胡颓子科

胡颓子属

沙枣　*Elaeagnus angustifolia* L.

　　形态特征：落叶乔木或小乔木，高5~10米，无刺或具刺，刺长30~40毫米，棕红色，发亮；幼枝密被银白色鳞片，老枝鳞片脱落，红棕色，光亮。叶薄纸质，矩圆状披针形至线状披针形，长3~7厘米，宽1~1.3厘米，顶端钝尖或钝形，基部楔形，全缘，上面幼时具银白色圆形鳞片，成熟后部分脱落，带绿色，下面灰白色，密被白色鳞片，有光泽，侧脉不甚明显；叶柄纤细，银白色，长5~10毫米。花银白色，直立或近直立，密被银白色鳞片，芳香，常1~3花簇生新枝基部最初5~6片叶的叶腋；花梗长2~3毫米；萼筒钟形，长4~5毫米，在裂片下面不收缩或微收缩，在子房上骤收缩，裂片宽卵形或卵状矩圆形，长3~4毫米，顶端钝渐尖，内面被白色星状柔毛；雄蕊几无花丝，花药淡黄色，矩圆形，长2.2毫米；花柱直立，无毛，上端甚弯曲；花盘明显，圆锥形，包围花柱的基部，无毛。果实椭圆形，长9~12毫米，直径6~10毫米，粉红色，密被银白色鳞片；果肉乳白色，粉质；果梗短，粗壮，长3~6毫米。花期5~6月，果期9月。

柳叶菜科

柳叶菜属

小花柳叶菜 *Epilobium parviflorum* Schreb.

形态特征：多年生粗壮草本，直立，秋季自茎基部生出地上生的越冬的莲座状叶芽。茎18~100厘米，粗3~10毫米，在上部常分枝，周围混生长柔毛与短的腺毛，下部被伸展的灰色长柔毛，同时叶柄下延的棱线多少明显。叶对生，茎上部的互生，狭披针形或长圆状披针形，先端近锐尖，基部圆形，蒴果被毛同子房上的；种子倒卵球状，顶端圆形，具很不明显的喙，褐色，表面具粗乳突；深灰色或灰白色，易脱落。花期6~9月，果期7~10月。

小二仙草科

狐尾藻属

穗状狐尾藻　*Myriophyllum spicatum* L.

形态特征: 多年生沉水草本。根状茎发达,在水底泥中蔓延,节部生根。茎圆柱形,叶柄极短或不存在。花两性,单性或杂性,雌雄同株,单生于苞片状叶腋内,由多数花排成近裸颏的顶生或腋生的穗状花序,柱头羽毛状,向外反转,大苞片矩圆形,全缘或有细锯齿,较花瓣为短,小苞片近圆形,边缘有锯齿。分果广卵形或卵状椭圆形,具4纵深沟,沟缘表面光滑。花期从春到秋陆续开放,4~9月陆续结果。

伞形科

水芹属

水芹 *Oenanthe javanica* (Blume) DC.

形态特征：水生宿根植物。根茎于秋季自倒伏的地上茎节部萌芽，形成新株，节间短，似根出叶，并自新根的茎部节上向四周抽生匍匐枝，再继续萌动生苗，上部叶片冬季冻枯，基部茎叶依靠水层越冬，第2年再继续萌芽繁殖，株高70~80厘米；二回羽状复叶，叶细长，互生，茎具棱，上部白绿色，下部白色；伞形花序，花小，白色；不结实或种子空瘪。全体光滑无毛，具匍匐茎。茎圆柱体，可长达1米，中空，上部5枝，长伸出水面，下部每节膨大，绿色，有纵条纹。复叶互生，具柄及鞘，叶片1~2回羽状分裂；小叶或裂叶卵圆形或菱形披针。复伞形花序花白色。双悬果椭圆形。花期7~8月，果期8~9月。

报春花科

海乳草属

海乳草　*Glaux maritima* L.

　　形态特征：盐生植物。稍肉质草本，秃净；叶小，对生，肉质，线形或匙形；花近无柄，腋生；萼红色或白色，钟状，5深裂，宿存；花冠缺；雄蕊生于子房的周围，着生于花萼的基部，与萼片互生；子房上位，1室，有腺体；胚珠少数，沉没于球形的胎座中；蒴果球状卵形，有喙，半藏于花萼内，顶部5裂。多年生小草本，高5~25厘米。根常数条束生，较粗壮，径1~2毫米；根状茎横走，粗达2毫米，节部被对生的卵状膜质鳞片。茎直立或斜生，通常单一或下部分枝，无毛，基部节上被淡褐色卵形膜质鳞片状叶。叶密集，肉质，交互对生、近对生或互生，近无柄或有短柄；叶片线形、长圆状披针形至卵状披针形，长5~15毫米，宽1.8~3.5毫米，基部楔形，先端钝，全缘。花小，腋生，花梗长约1毫米；花萼广钟形，花冠状，粉白色至蔷薇色，直径5~6毫米，5中裂，裂片长圆状卵形至卵形，长2~2.5毫米，宽约2毫米，全缘；无花冠；雄蕊5，与萼近等长或稍短。花丝基部扁宽，长约4毫米，花药心形，背部着生；子房卵形，长约1.3毫米，花柱细长，长约2.5毫米，超出花萼，胚珠8~9枚。蒴果卵状球形，长2毫米，径约2.5毫米，顶端瓣裂。种子6~8粒，棕褐色，近椭圆形，长约1毫米，宽约0.8毫米，背面扁平，腹面凸出，有2~4条棱，种皮具网纹。花期6月，果期7~8月。

白花丹科

补血草属

黄花补血草 *Limonium aureum* (L.) Hill

形态特征：多年生草本，全株（除萼外）无毛茎基往往被油残存的叶柄和红褐色芽鳞；穗状花序位于上部分枝顶端，由3~5个小穗组成，外苞宽卵形；花冠橙黄色；生于平原和山坡下部土质含盐的砾石滩、黄土坡和砂土地上。多年生草本，高4~35厘米，全株（除萼外）无毛。茎基往往被有残存的叶柄和红褐色芽鳞。叶基生（偶尔花序轴下部1~2节上也有叶），常早凋，通常长圆状匙形至倒披针形，长1.5~3厘米，宽2~5毫米，先端圆或钝。有时急尖，下部渐狭成平扁的柄。花序圆锥状，花序轴2至多数，绿色，密被疣状突起（有时仅上部嫩枝具疣），由下部作数回叉状分枝，往往呈之字形曲折，下部的多数分枝成为不育枝，末级的不育枝短而常略弯；穗状花序位于上部分枝顶端，由3~5个小穗组成；小穗含2~3花；外苞长约2.5~3.5毫米，宽卵形，先端钝或急尖，第一内苞长约5.5~6毫米；萼长5.5~6.5毫米，漏斗状，萼筒径约1毫米，基部偏斜，全部沿脉和脉间密被长毛，萼檐金黄色（干后有时变橙黄色），裂片正三角形，脉伸出裂片先端成一芒尖或短尖，沿脉常疏被微柔毛，间生裂片常不明显；花冠橙黄色。花期6~8月，果期7~8月。

旋花科

菟丝子属

菟丝子 *Cuscuta chinensis* Lam.

形态特征：一年生全寄生草本。茎丝线状，橙黄色，但不含有叶绿素。叶退化成鳞片。花簇生，外有膜质苞片；花萼杯状，5裂；花冠白色，长为花萼2倍，顶端5裂，裂片常向外反曲；雄蕊5，花丝短，与花冠裂片互生；鳞片5，近长圆形。子房2室，每室有胚珠2颗，花柱2，柱头头状。蒴果近球形，成熟时被花冠全部包围；种子淡褐色。花果期7~10月。具有补肾益精、养肝明目、固胎止泄之功效。

旋花属

田旋花　*Convolvulus arvensis* L.

　　形态特征：多年生草质藤本，近无毛。根状茎横走。茎平卧或缠绕，有棱。叶柄长 1~2 厘米；叶片戟形或箭形，长 2.5~6 厘米，宽 1~3.5 厘米，全缘或 3 裂，先端近圆或微尖，有小突尖头；中裂片卵状椭圆形、狭三角形、披针状椭圆形或线性；侧裂片开展或呈耳形。花 1~3 朵腋生；花梗细弱；苞片线性，与萼远离；萼片倒卵状圆形，无毛或被疏毛；缘膜质；花冠漏斗形，粉红色、白色，长约 2 厘米，外面有柔毛，褶上无毛，有不明显的 5 浅裂；雄蕊的花丝基部肿大，有小鳞毛；子房 2 室，有毛，柱头 2，狭长。蒴果球形或圆锥状，无毛；种子椭圆形，无毛。花期 5~8 月，果期 7~9 月。

刺旋花　*Convolvulus tragacanthoides* Turcz.

形态特征：小半灌木，高5~15厘米，全株被有银灰色绢毛。茎分枝多而密集，节间短，老枝宿留成黄色刺，颇似鹰爪状，整株呈具刺的座垫状，丛径20~30厘米。叶互生，狭倒披针状，条形，长0.5~2厘米，宽0.5~1.5厘米，先端钝圆，基部渐狭，无柄。花单生或2~3朵生于花枝上部，花梗短；萼片5，卵圆形，先端尖，外面被黄棕色毛；花冠漏斗状，长约2厘米，粉红色，顶端5浅裂；瓣中带密生毛，褶及花冠下部无毛；雄蕊5，不等长；子房有毛，柱头2裂。蒴果，近球形，径约8毫米，有毛。用于保持水土固沙有一定作用。

银灰旋花　*Convolvulus ammannii* Desr.

形态特征：多年生草本，根状茎短，木质化，茎少数或多数，高2~10厘米，平卧或上升，枝和叶密被贴生稀半贴生银灰色绢毛。叶互生，线形或狭披针形，长1~2厘米，宽1~4毫米，先端锐尖，基部狭，无柄。花单生枝端，具细花梗，长0.5~7厘米；萼片5，长4~7毫米，外萼片长圆形或长圆状椭圆形，近锐尖或稍渐尖，内萼片较宽，椭圆形，渐尖，密被贴生银色毛；花冠小，漏斗状，长9~15毫米，淡玫瑰色或白色带紫色条纹，有毛，5浅裂；雄蕊5，较花冠短一半，基部稍扩大；雌蕊无毛，较雄蕊稍长，子房2室，每室2胚珠；花柱2裂，柱头2，线形。蒴果球形，2裂，长约4~5毫米。种子2~3枚，卵圆形，光滑，具喙，淡褐红色。

打碗花属

打碗花　*Calystegia hederacea* Wall.

形态特征:一年生草本,全体不被毛,植株通常矮小,常自基部分枝,具细长白色的根。茎细,平卧,有细棱。基部叶片长圆形,顶端圆,基部戟形,上部叶片3裂,中裂片长圆形或长圆状披针形,侧裂片近三角形,叶片基部心形或戟形。花腋生,花梗长于叶柄,苞片宽卵形;萼片长圆形,顶端钝,具小短尖头,内萼片稍短;花冠淡紫色或淡红色,钟状,冠檐近截形或微裂;雄蕊近等长,花丝基部扩大,贴生花冠管基部,被小鳞毛;子房无毛,柱头2裂,裂片长圆形,扁平。蒴果卵球形,宿存萼片与之近等长或稍短。种子黑褐色,表面有小疣。可入药,具备健脾益气,促进消化、止痛等功效。但具有一定毒性,慎食。

夹竹桃科

罗布麻属

白麻 *Apocynum pictum* Schrenk.

形态特征：直立半灌木，高 0.5~2 米，基部木质化；茎黄绿色，有条纹；小枝倾向茎的中轴，幼嫩部分与苞片、小苞片、花梗、花萼的外面均被灰褐色柔毛，尤其在花梗及花萼外面为密。叶坚纸质，互生，稀在茎的上部对生，线形至线状披针形，长 1.5~3.5 厘米，宽 0.3~0.8 厘米（最小的 0.8 厘米 ×0.15 厘米，最大的 4.5 厘米 ×0.8 厘米），先端渐尖，狭成急尖头，基部楔形，边缘具细牙齿，表面具颗粒状突起；中脉在叶背略为隆起，侧脉每边约 15 条左右，幼嫩时不明显；叶柄长 2~5 毫米。圆锥状的聚伞花序一至多歧，顶生；苞片及小苞片披针形，长约 3 毫米，宽约 1 毫米；花梗老时向下弯曲，长 5~7 毫米；花萼 5 裂，下部合生，内无腺体，裂片卵圆状三角形，长约 1.5 毫米，宽约 1 毫米；花冠骨盆状，粉红色，长达 1.5 厘米，直径 1.5 厘米，稀达 2 厘米，裂片 5 枚，每裂片有三条深紫色条纹，宽三角形，先端钝或圆形，长约 4.5 毫米，宽约 5 毫米；副花冠着生在花冠筒的基部，裂片 5 枚，三角形，基部合生，上部离生，先端长渐尖凸起；雄蕊 5 枚，与副花冠裂片互生，花丝短，被茸毛，花药箭头状，先端急尖，基部具耳，耳基部紧接或重叠；花盘肉质环状，高及子房的三分之一至二分之一；子房半下位，由 2 枚离生心皮所组成，基部埋藏于花托中，花柱圆柱状，柱头顶端钝，2 裂，基部盘状。蓇葖 2 枚，平行或略为叉生，倒垂，长 17~24.5 厘米，直径 3~4 毫米，外果皮灰褐色，有细纵纹；种子红褐色，长圆形，长 2~3 毫米，顶端具一簇白色绢质种毛；种毛长约 2 厘米。花期 4~9 月（盛开期 6、7 月），果期 7~12 月（成熟期 9、10 月）。

萝藦科

鹅绒藤属

戟叶鹅绒藤　*Cynanchum acutum* (Willd.) *Rech. f. subsp. sibiricum* (Willd.) Rech. f.

形态特征：多年生缠绕藤本，全株含白色乳汁。根粗壮，土灰色，直径约 2 厘米。茎被柔毛。叶对生，长戟形或戟状心形，长 4~6 厘米，基部宽 3~4.5 厘米，表面绿色，背面淡绿色，两面均被柔毛。伞房状聚伞花序腋生，花序梗长 3~5 厘米；花萼外面被柔毛，内部腺体极小；花冠外面白色，内面紫色，裂片矩圆形；副花冠双轮，外轮筒状，顶端有 5 条不同长短的丝状舌片；内轮 5 条较短；花粉块矩圆形，下垂；子房平滑，柱头隆起，顶端微 2 裂。蓇葖果单生，长角状，长约 10 厘米，直径 1 厘米，熟后纵裂；种子长圆形，长约 5 毫米，棕色，顶端有白色绢质种毛，长 3 厘米。花期 7 月，果期 8~9 月。

紫草科

软紫草属

灰毛软紫草　*Arnebia fimbriata* Maxim.

形态特征：茎通常多条,高 10~18 厘米,多分枝。叶无柄,线状长圆形至线状披针形,长 8~25 毫米,宽 2~4 毫米。镰状聚伞花序长 1~3 厘米,具排列较密的花;苞片线形;花萼裂片钻形,长约 11 毫米,两面密生长硬毛;花冠淡蓝紫色或粉红色,有时为白色,长 15~22 毫米,外面稍有毛,筒部直或稍弯曲,檐部直径 5~13 毫米,裂片宽卵形,几等大,边缘具不整齐牙齿;雄蕊着生花冠筒中部(长柱花)或喉部(短柱花),花药长约 2 毫米;子房 4 裂,花柱丝状,稍伸出喉部(长柱花)或仅达花冠筒中部,先端微 2 裂。小坚果三角状卵形,长约 2 毫米,密生疣状突起,无毛。花果期 6~9 月。

鹤虱属

鹤虱　*Lappula myosotis V.* Wolf

形态特征：一年生或越年生草本。茎直立，高20~50厘米，多分枝，有粗糙毛。叶互生，无柄或基部的叶有短柄；叶片倒披针状条形或条形，有紧贴的细糙毛。先短钝，基部渐狭，全缘或略显波状。花序顶生，苞片披针状条形；花生于苞腋的外侧，有短梗；花萼5深裂，宿存；花冠淡蓝色，较萼稍长，裂片5，喉部附属物5，雄蕊5，内藏；子房4裂，头扁球状。小坚果4，卵形，褐色，有小疣状突起，边沿有2~3行不等长的锚状刺。种子繁殖。

劲直鹤虱　*Lappula stricta* (Ledeb.) Gürke

形态特征：一年生草本。茎高15~30厘米，直立，通常下部具分枝，小枝斜升，被开展或近贴伏的灰白糙毛。茎生叶长圆形或线形，长 1~3.5 厘米，宽 2~5 毫米，先端钝，通常沿中肋纵向对折，两面有具基盘的开展硬毛，但上面毛较稀疏呈绿色。花序生于小枝顶端，在果期稍伸长，长 5~8 厘米；苞片小，线形；果梗长 2~3 毫米，直立；花萼 5 深裂，裂片线形，长约2.5毫米，果期伸长，长约 4~5 毫米，呈星状开展；花冠蓝紫色，钟状，长约 3 毫米，筒部与花萼约等长，檐部平展，直径 2.5~3 毫米。小坚果 4，长圆状卵形，长约 3 毫米，背面狭披针形，具颗粒状突起，沿中线有龙骨状突起，边缘具 1 行锚状刺，刺长 1.2~2 毫米，直立，稀平展，基部稍增宽并相互邻接，小坚果腹面具皱纹状疣状突起；花柱短，长仅 0.5 毫米，稍伸出小坚果。

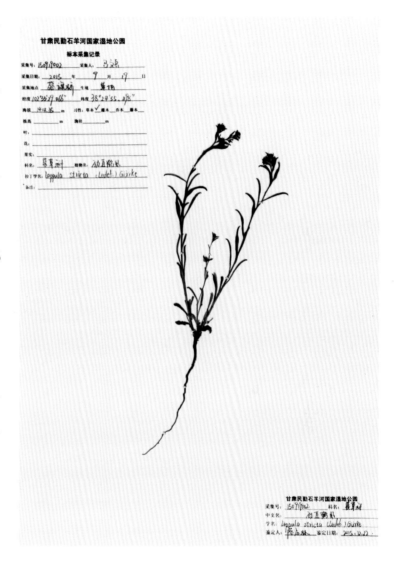

砂引草属

砂引草　*Messerschmidia sibirica* L.

　　形态特征：多年生草本。全株被白色长柔毛。叶无柄或近无柄，狭矩圆形至条形，长 1~3.5 厘米，宽 0.2~2 厘米，聚伞花序伞房状，直径 1.8~4 厘米，近二叉状分枝。花萼长约 2.5 毫米，5 裂近基部，裂片披针形，花冠白色，漏斗状，花冠筒长 5 毫米，裂片 5，子房 4 室，柱头 2 浅裂，下部环状膨大，果实有 4 钝棱，椭圆状球形，长约 8 毫米，先端平截或凹入。

唇形科

薄荷属

薄荷 *Mentha haplocalyx* Briq.

形态特征：多年生草本。茎直立，高30~60厘米，下部数节具纤细的须根及水平匍匐根状茎，锐四菱形，具四槽，上部被倒向微柔毛，下部仅沿菱上被柔毛，多分枝。叶片长圆状披针形，长3~5cm，宽0.8~3cm，先端锐尖，侧脉约5~6对。轮伞花序腋生，轮廓球形，花冠淡紫色。花期7~9月，果期10月。

茄科

枸杞属

黑果枸杞　*Lycium ruthenicum* Murr.

　　形态特征：多棘刺灌木，高 20~50 厘米，多分枝；分枝斜升或横卧于地面，白色或灰白色，坚硬，常成之字形曲折，有不规则的纵条纹，小枝顶端渐尖成棘刺状，节间短缩，每节有长 0.3~1.5 厘米的短棘刺；短枝位于棘刺两侧，在幼枝上不明显，在老枝上则成瘤状，生有簇生叶或花、叶同时簇生，更老的枝则短枝成不生叶的瘤状凸起。叶 2~6 枚簇生于短枝上，在幼枝上则单叶互生，肥厚肉质，近无柄，条形、条状披针形或条状倒披针形，有时成狭披针形，顶端钝圆，基部渐狭，两侧有时稍向下卷，中脉不明显，长 0.5~3 厘米，宽 2~7 毫米。花 1~2 朵生于短枝上；花梗细瘦，长 0.5~1 厘米。花萼狭钟状，长 4~5 毫米，果时稍膨大成半球状，包围于果实中下部，不规则 2~4 浅裂，裂片膜质，边缘有稀疏缘毛；花冠漏斗状，浅紫色，长约 1.2 厘米，筒部向檐部稍扩大，5 浅裂，裂片矩圆状卵形，长约为筒部的 1/2~1/3，无缘毛，耳片不明显，雄蕊稍伸出花冠，着生于花冠筒中部，花丝离基部稍上处有疏绒毛，同样在花冠内壁等高处亦有稀疏绒毛；花柱与雄蕊近等长。浆果紫黑色，球状，有时顶端稍凹陷，直径 4~9 毫米。种子肾形，褐色，长 1.5 毫米，宽 2 毫米。花果期 5~10 月。藏医用于治疗心热病、心脏病、降低胆固醇、兴奋大脑神经、增强免疫功能、防治癌症、抗衰老、美容养颜、月经不调、停经等且药效显著。

截萼枸杞　*Lycium truncatum* Y. C. Wang

　　形态特征：灌木，高1~1.5米；分枝圆柱状，灰白色或灰黄色，少棘刺。叶在长枝上通常单生，在短枝上则数枚簇生，条状披针形或披针形，顶端急尖，基部狭楔形且下延成叶柄，长1.5~2.5厘米，宽2~6毫米，中脉稍明显。花1~3朵生于短枝上同叶簇生；花梗细瘦，向顶端接近花萼处稍增粗，长1~1.5厘米。花萼钟状，长3~4毫米，直径约3毫米，2~3裂，裂片膜质，花后有时断裂而使宿萼成截头状；花冠漏斗状，下部细瘦，向上渐扩大，筒长约8毫米，裂片卵形，长约为筒部之半，无缘毛；雄蕊插生于花冠筒中部，稍伸出花冠，花丝基部被稀疏绒毛；花柱稍伸出花冠。浆果矩圆状或卵状矩圆形，长5~8毫米，顶端有小尖头。种子橙黄色，长约2毫米。花果期5~10月。

茄属

龙葵　*Solanum nigrum* L.

形态特征：一年生直立草本，高 0.25~1 米，茎无棱或棱不明显，绿色或紫色，近无毛或被微柔毛。叶卵形，长 2.5~10 厘米，宽 1.5~5.5 厘米，先端短尖，基部楔形至阔楔形而下延至叶柄，全缘或每边具不规则的波状粗齿，光滑或两面均被稀疏短柔毛，叶脉每边 5~6 条，叶柄长约 1~2 厘米。蝎尾状花序腋外生，由 3~6 花组成，总花梗长约 1~2.5 厘米，花梗长约 5 毫米，近无毛或具短柔毛；萼小，浅杯状，直径约 1.5~2 毫米，齿卵圆形，先端圆，基部两齿间连接处成角度；花冠白色，筒部隐于萼内，长不及 1 毫米，冠檐长约 2.5 毫米，5 深裂，裂片卵圆形，长约 2 毫米；花丝短，花药黄色，长约 1.2 毫米，约为花丝长度的 4 倍，顶孔向内；子房卵形，直径约 0.5 毫米，花柱长约 1.5 毫米，中部以下被白色绒毛，柱头小，头状。浆果球形，直径约 8 毫米，熟时黑色。种子多数，近卵形，直径 1.5~2 毫米，两侧压扁。全株入药，可散瘀消肿，清热解毒。

玄参科

水茫草属

水茫草 *Limosella aquatica* L.

　　形态特征：一年生水生或湿生草本，高3~5厘米，罕达10厘米，个体小，丛生，全体无毛。具纤细而短的匍匐茎，几乎没有直立茎。根簇生，须状而短。叶基出、簇生成莲座状，具长柄，长1~4厘米，可达9厘米；叶片宽条形或狭匙形，比叶柄短得多，长3~15毫米，钝头，全缘，多少带肉质。花3~10朵自叶丛中生出，花梗细长，长7~13毫米；花萼钟状，膜质，长1.5~2.5毫米，萼齿卵状三角形，长0.5~0.8毫米，顶端渐尖；花冠白色或带红色，长2~3.5毫米，辐射状钟形，花冠裂片5，矩圆形或矩圆状卵形，长1~1.5毫米，顶端钝；雄蕊4枚，等长，花丝大部贴生；花柱短，柱头头状，有时稍有凹缺。蒴果卵圆形，长约3毫米，超过宿萼；种子多数而极小，纺锤形，稍弯曲，表面有格状纹。花果期4~9月。

婆婆纳属

北水苦荬　*Veronica anagallis~aquatica* L.

形态特征：多年生（稀为一年生）草本，通常全体无毛，极少在花序轴、花梗、花萼和蒴果上有几根腺毛。根茎斜走。茎直立或基部倾斜，不分枝或分枝，高10~100厘米。叶无柄，上部的半抱茎，多为椭圆形或长卵形，少为卵状矩圆形，更少为披针形，长2~10厘米，宽1~3.5厘米，全缘或有疏而小的锯齿。花序比叶长，多花；花梗与苞片近等长，上升，与花序轴成锐角，果期弯曲向上，使蒴果靠近花序轴，花序通常不宽于1厘米；花萼裂片卵状披针形，急尖，长约3毫米，果期直立或叉开，不紧贴蒴果；花冠浅蓝色，浅紫色或白色，直径4~5毫米，裂片宽卵形；雄蕊短于花冠。蒴果近圆形，长宽近相等，几乎与萼等长，顶端圆钝而微凹，花柱长约2毫米（西藏产的植物的花柱常短至1.5毫米）。花期4~9月。

列当科

列当属

列当 *Orobanche coerulescens* Steph.

形态特征：二年生或多年生寄生草本，高 15 ～ 40cm，全株被白色绒毛。根茎肥厚。茎直立，粗壮，暗黄褐色。穗状花序顶生，约占茎的 1/3 ～ 1/2，具明显的条纹，基部常稍膨大。叶干后黄褐色，生于茎下部的较密生或多年生寄生草本，株高(~1 集，上部的渐变稀疏，卵状披针形，长 1.5~2 厘米，宽 5~7 毫米，连同苞片和花萼外面及边缘密被蛛丝状长绵毛。花多数，排列成穗状花序，长 10~20 厘米，顶端钝圆或呈锥状；苞片与叶同形并近等大，先端尾状渐尖。花萼长 1.2~1.5 厘米，2 深裂达近基部，每裂片中部以上再 2 浅裂，小裂片狭披针形，长 3~5 毫米，先端长尾状渐尖。花冠深蓝色、蓝紫色或淡紫色，长 2~2.5 厘米，筒部在花丝着生处稍上方缢缩，口部稍扩大；上唇 2 浅裂，极少顶端微凹，下唇 3 裂，裂片近圆形或长圆形，中间的较大，顶端钝圆，边缘具不规则小圆齿。雄蕊 4 枚，花丝着生于筒中部，长约 1~1.2 厘米，基部略增粗，常被长柔毛，花药卵形，长约 2 毫米，无毛。雌蕊长 1.5~1.7 厘米，子房椭圆体状或圆柱状，花柱与花丝近等长，常无毛，柱头常 2 浅裂。蒴果卵状长圆形或圆柱形，干后深褐色，长约 1 厘米，直径 0.4 厘米。种子多数，干后黑褐色，不规则椭圆形或长卵形，长约 0.3 毫米，直径 0.15 毫米，表面具网状纹饰，网眼底部具蜂巢状凹点。花期 4~7 月，果期 7~9 月。

车前科

车前属

车前 *Plantago asiatica* L.

形态特征：根茎短缩肥厚，密生须状根。叶全部根生，叶片平滑，广卵形，边缘波状，间有不明显钝齿，主脉五条。多年生草本，连花茎高达50厘米，具须根。叶根生，具长柄，几与叶片等长或长于叶片，基部扩大；叶片卵形或椭圆形，长4~12厘米，宽2~7厘米，先端尖或钝，基部狭窄成长柄，全缘或呈不规则波状浅齿，通常有5~7条弧形脉。花茎数个，高12~50厘米，具棱角，有疏毛；穗状花序为花茎的2/5~1/2；花淡绿色，每花有宿存苞片1枚，三角形；花萼4，基部稍合生，椭四形或卵圆形，宿存；花冠小，胶质，花冠管卵形，先端4裂，裂片三角形，向外反卷；雄蕊4，着生在花冠筒近基部处，与花冠裂片互生，花药长圆形，2室，先端有三角形突出物，花丝线形；雌蕊1，子房上位，卵圆形，2室（假4室），花柱1，线形，有毛。蒴果卵状圆锥形，成熟后约在下方2/5处周裂，下方2/5宿存。种子4~8枚或9枚，近椭圆形，黑褐色。花期6~9月。果期7~10月。具有祛痰、镇咳、平喘等作用。

大车前 *Plantago major* L.

　　形态特征：多年生草本。根状茎短粗，具须根。基生叶直立，叶片卵形或宽卵形，顶端圆滑，边缘波状或不整齐锯齿；叶柄明显长于叶片。花茎直立，穗状花序占花茎的 1/3~1/2；花密生，苞片卵形，较萼裂片短，二者均有绿色龙骨状突起；花萼无柄，裂片椭圆形；花冠裂片椭圆形或卵形。蒴果椭圆形，种子 8~15，少数至 18，棕色或棕褐色。花期 6~8 月，果期 7~9 月。

菊科

顶羽菊属

顶羽菊 *Acroptilon repens* (L.) DC.

　　形态特征：多年生草本，高25~70厘米。根直伸。茎单生，或少数茎成簇生，直立，自基部分枝，分枝斜升，全部茎枝被蛛丝毛，被稠密的叶。全部茎叶质地稍坚硬，长椭圆形或匙形或线形，长2.5~5厘米，宽0.6~1.2厘米，顶端钝或圆形或急尖而有小尖头，边缘全缘，无锯齿或少数不明显的细尖齿，或叶羽状半裂，侧裂片三角形或斜三角形，两面灰绿色，被稀疏蛛丝毛或脱毛。植株含多数头状花序，头状花序多数在茎枝顶端排成伞房花序或伞房圆锥花序。总苞卵形或椭圆状卵形，直径0.5~1.5厘米。总苞片约8层，覆瓦状排列，向内层渐长，外层与中层卵形或宽倒卵形，包括附属物长3~11毫米，宽2~6毫米，上部有附属物，附属物圆钝；内层披针形或线状披针形，包括附属物长约1.3厘米，宽2~3毫米，顶端附属物小。全部苞片附属物白色，透明，两面被稠密的长直毛。全部小花两性，管状，花冠粉红色或淡紫色，长1.4厘米，细管部长7毫米，詹部长7毫米，花冠裂片长3毫米。瘦果倒长卵形，长3.5~4毫米，宽约2.5毫米，淡白色，顶端圆形，无果缘，基底着生面稍见偏斜。冠毛白色，多层，向内层渐长，长达1.2厘米，全部冠毛刚毛基部不连合成环，不脱落或分散脱落，短羽毛状。花果期5~9月。

亚菊属

蓍状亚菊 *Ajania achilloides* (Turcz.) Poljak. ex Grubov.

形态特征：小半灌木，高 15~25 厘米。根粗壮，木质，多弯曲。茎由基部多分枝，直立或倾斜，细长，老枝皮褐色，嫩枝灰色或绿色，密被短柔毛或分叉短毛。叶一至二回羽状全裂，小裂叶狭条形或条状长圆形，两面被白色柔毛。头状花序 3~6 个在枝端排列成平房状；总苞钟状或卵圆形，直径 3~4 毫米，边花雌性，筒形，盘花两性，顶端具 5 齿；能育。瘦果长圆形，长约 1 毫米，褐色。

灌木亚菊 *Ajania fruticulosa* (Ledeb.) Poljak.

形态特征：小半灌木，高8~40厘米。老枝麦秆黄色，花枝灰白色或灰绿色，被稠密或稀疏的短柔毛，上部及花序和花梗上的毛较多或更密。中部茎叶全形圆形、扁圆形、三角状卵形、肾形或宽卵形，长0.5~3厘米，宽1~2.5厘米，规则或不规则二回掌状或掌式羽状3~5分裂。一、二回全部全裂。一回侧裂片1对或不明显2对，通常3出，但变异范围在2~5出之间。中上部和中下部的叶掌状3~4全裂或有时掌状5裂，或全部茎叶3裂。全部叶有长或短柄，末回裂片线钻形，宽线形、倒长披针形，宽0.5~5毫米，顶端尖或圆或钝，两面同色或几同色，灰白色或淡绿色，被等量的顺向贴伏的短柔毛；叶耳无柄。头状花序小，少数或多数在枝端排成伞房花序或复伞房花序。总苞钟状，直径3~4毫米。总苞片4层，外层卵形或披针形，长1毫米，中内层椭圆形，长2~3毫米。全部苞片边缘白色或带浅褐色膜质，顶端圆或钝，仅外层基部或外层被短柔毛，其余无毛，麦秆黄色，有光泽。边缘雌花约5个，花冠长2毫米，细管状，顶端3~(5)齿。瘦果长约1毫米。花果期6~10月。

蒿属

碱蒿 *Artemisia anethifolia* Weber ex Stechm.

　　形态特征：一年或二年生草本植物，高 20~50 厘米。茎直立，自基部强烈分枝。叶二回羽状分裂，小裂片丝状条形。头状花序多数排列成圆锥花序，总苞球形，总苞片 3 层有白色柔毛。大多数种子在雨季到来时萌发，迅速生长。7~9 月花期，8~10 月初果期，冬季枯死的枝叶残存在植物体上。

黄花蒿　*Artemisia annua* Linn.

形态特征：一年生草本，高达 1.5 米，全体近于无毛。茎直立，圆柱形，表面具有纵浅槽，幼时绿色，老时变为枯黄色；下部木质化，上部多分枝。茎叶互生；3 回羽状细裂，裂片先端尖，上面绿色，下面黄绿色，叶轴两侧有狭翅，茎上部的叶，向上渐小，分裂更细。头状花序球形，下垂，排列成金字塔形、具有叶片的圆锥花序，几密布在全植物体上部；每一头状花序有短花柄，基部具有或不具有线形苞片；总苞平滑无毛，苞片 2~3 层，背面中央部分为绿色，边缘呈淡黄色，膜质状而透明；花托矩圆形，花均为管状花，黄色，外围为雌花，仅有雌蕊 1 枚；中央为两性花，花冠先端 5 裂，雄蕊 5 枚，花药合生，花丝细短，着生于花冠管内面中部，雌蕊 1 枚，花柱丝状，柱头 2 裂，呈叉状。瘦果卵形，微小，淡褐色，表面具隆起的纵条纹。花期 8~10 月。果期 10~11 月。本植物的果实（黄花蒿子）亦供药用。

野艾蒿 *Artemisia lavandulaefolia* DC.

形态特征：多年生草本，有时为半灌木状，植株有香气。主根稍明显，侧根多；根状茎稍粗，直径 4~6 毫米，常匍地，有细而短的营养枝。茎少数，成小丛，稀少单生，高 50~120 厘米，具纵棱，分枝多，长 5~10 厘米，斜向上伸展；茎、枝被灰白色蛛丝状短柔毛。叶纸质，上面绿色，具密集白色腺点及小凹点，初时疏被灰白色蛛丝状柔毛，后毛稀疏或近无毛，背面除中脉外密被灰白色密绵毛；基生叶与茎下部叶宽卵形或近圆形，长 8~13 厘米，宽 7~8 厘米，二回羽状全裂或第一回全裂，第二回深裂，具长柄，花期叶萎谢；中部叶卵形、长圆形或近圆形，长 6~8 厘米，宽 5~7 厘米，（一至）二回羽状全裂或第二回为深裂，每侧有裂片 2~3 枚，裂片椭圆形或长卵形，长 3~5 厘米，宽 5~7 毫米，每裂片具 2~3 枚线状披针形或披针形的小裂片或深裂齿，长 3~7 毫米，宽 2~3 毫米，先端尖，边缘反卷，叶柄长 1~2 厘米，基部有小型羽状分裂的假托叶；上部叶羽状全裂，具短柄或近无柄；苞片叶 3 全裂或不分裂，裂片或不分裂的苞片叶为线状披针形或披针形，先端尖，边反卷。头状花序极多数，椭圆形或长圆形，直径 2~2.5 毫米，有短梗或近无梗，具小苞叶，在分枝的上半部排成密穗状或复穗状花序，并在茎上组成狭长或中等开展，稀为开展的圆锥花序，花后头状花序多下倾；总苞片 3~4 层，外层总苞片略小，卵形或狭卵形，背面密被灰白色或灰黄色蛛丝状柔毛，边缘狭膜质，中层总苞片长卵形，背面疏被蛛丝状柔毛，边缘宽膜质，内层总苞片长圆形或椭圆形，半膜质，背面近无毛，花序托小，凸起；雌花 4~9 朵，花冠狭管状，檐部具 2 裂齿，紫红色，花柱线形，伸出花冠外，先端 2 叉，叉端尖；两性花 10~20 朵，花冠管状，檐部紫红色；花药线形，先端附属物尖，长三角形，基部具短尖头，花柱与花冠等长或略长于花冠，先端 2 叉，叉端扁，扇形。瘦果长卵形或倒卵形。花果期 8~10 月。

蒙古蒿 *Artemisia mongolica* (Fisch. ex Bess.) Nakai

形态特征：多年生草本。根细，侧根多；根状茎短，半木质化，直径 4~7 毫米，有少数营养枝。茎少数或单生，高 40~120 厘米，具明显纵棱；分枝多，长 10~20 厘米，斜向上或略开展；茎、枝初时密被灰白色蛛丝状柔毛，后稍稀疏。叶纸质或薄纸质，上面绿色，初时被蛛丝状柔毛，后渐稀疏或近无毛，背面密被灰白色蛛丝状绒毛；下部叶卵形或宽卵形，二回羽状全裂或深裂，第一回全裂，每侧有裂片 2~3 枚，裂片椭圆形或长圆形，再次羽状深裂或为浅裂齿，叶柄长，两侧常有小裂齿，花期叶萎谢；中部叶卵形、近圆形或椭圆状卵形，长 5~9 厘米，宽 4~6 厘米，一至二回羽状分裂，第一回全裂，每侧有裂片 2~3 枚，裂片椭圆形、椭圆状披针形或披针形，再次羽状全裂，稀深裂或 3 裂，小裂片披针形、线形或线状披针形，先端锐尖，边缘不反卷，基部渐狭成短柄，叶柄长 0.5~2 厘米，两侧偶有 1~2 枚小裂齿，基部常有小型的假托叶；上部叶与苞片叶卵形或长卵形，羽状全裂或 5 或 3 全裂，裂片披针形或线形，无裂齿或偶有 1~30 浅裂齿，无柄。头状花序多数，椭圆形，直径 1.5~2 毫米，无梗，直立或倾斜，有线形小苞叶，在分枝上排成密集的穗状花序，稀少为略疏松的穗状花序，并在茎上组成狭窄或中等开展的圆锥花序；总苞片 3~4 层，覆瓦状排列，外层总苞片较小，卵形或狭卵形，背面密被灰白色蛛丝状毛，边缘狭膜质，中层总苞片长卵形或椭圆形，背面密被灰白色蛛丝状柔毛，边宽膜质，内层总苞片椭圆形，半膜质，背面近无毛；雌花 5~10 朵，花冠狭管状，檐部具 2 裂齿，紫色，花柱伸出花冠外，先端 2 叉，反卷，叉端尖；两性花 8~15 朵，花冠管状，背面具黄色小腺点，檐部紫红色，花药线形，先端附属物尖，长三角形，基部圆钝，花柱与花冠近等长，先端 2 叉，叉端截形并有睫毛。瘦果小，长圆状倒卵形。花果期 8~10 月。

黑沙蒿　*Artemisia ordosica* Krasch.

　　形态特征：小灌木。主根粗而长，木质，侧根多；根状茎粗壮，直径 1~3 厘米，具多枚营养枝。茎多枚，高 50~100 厘米，茎皮老时常呈薄片状剥落，分枝多，枝长 10~35 厘米，老枝暗灰白色或暗灰褐色，当年生枝紫红色或黄褐色，茎、枝与营养枝常组成大的密丛。叶黄绿色，初时两面微有短柔毛，后无毛，多少半肉质，干后坚硬；茎下部叶宽卵形或卵形，一至二回羽状全裂，每侧有裂片 3~4 枚，基部裂片最长，有时再 2~3 全裂，小裂片狭线形，叶柄短，基部稍宽大；中部叶卵形或宽卵形，长 3~5 厘米，宽 2~4 厘米，一回羽状全裂，每侧裂片 2~3 枚，裂片狭线形，长 1.5~3 厘米，宽 0.5~1 毫米，通常向中轴方向弯曲或不弧曲；上部叶 5 或 3 全裂，裂片狭线形，无柄；苞片叶 3 全裂或不分裂，裂片或不分裂之苞片叶狭线形。头状花序多数，卵形，直径 1.5~2.5 毫米，有短梗及小苞叶，斜生或下垂，在分枝上排成总状或复总状花序，并在茎上组成开展的圆锥花序；总苞片 3~4 层，外、中层总苞片卵形或长卵形，背面黄绿色，无毛，边缘膜质，内层总苞片长卵形或椭圆形，半膜质；雌花 10~14 朵，花冠狭圆锥状，檐部具 2 裂齿，花柱长，伸出花冠外，先端 2 叉；两性花 5~7 朵，不孕育，花冠管状，花药线形，顶端附属物尖，长三角形，基部圆钝，花柱短，先端圆，棒状，2 裂，不叉开，退化子房不明显。瘦果倒卵形，果壁上具细纵纹并有胶质物。花果期 7~10 月。枝、叶入药，蒙医作消炎、止血、祛风、清热药。

猪毛蒿 *Artemisia scoparia* Waldst.

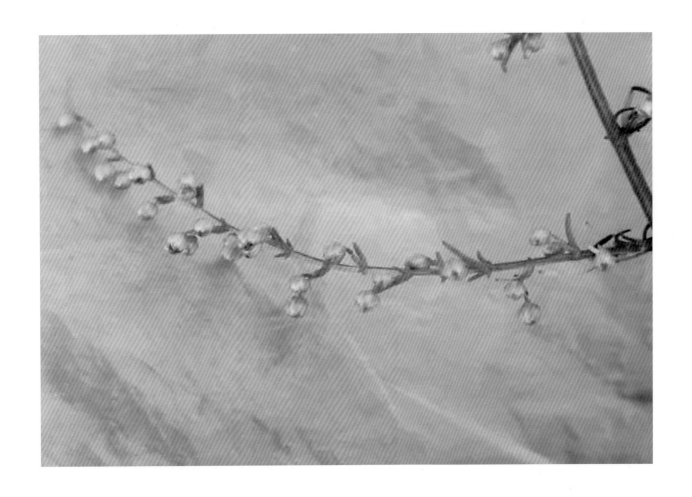

　　形态特征：一或二年生草本，高达1米。直根系。茎直立，上部分枝，被柔毛。叶密集，茎下部叶有长柄，叶片圆形或矩圆形，长1.5~3.5厘米，二至三回羽状全裂，小裂片条形。条状披针形或丝状条形；茎中部叶具短柄，基部有1~3对丝状条形的假托叶，叶长1~2厘米，一至二回羽状全裂，小裂片丝状条形，长0.5~1厘米；花枝上的叶近无柄，3全裂或不裂，基部有假托叶；叶幼时密被灰色绢状长柔毛，后渐脱落。头状花序小，球形，径1~1.2毫米，下垂或斜生，极多数排成圆锥状，花梗短或无，苞片丝状条形；总苞无毛，有光泽，总苞片2~3层，边缘宽膜质，先端钝，卵形至椭圆形；边缘小花雌性，5~7枚，花冠细管状，中央小花两性，花冠圆锥状。瘦果矩圆形，长0.4毫米，褐色。花期7~8月，果期9~10月。

北艾 *Artemisia vulgaris* Linn.

形态特征：多年生草本。主根稍粗，侧根多而细；根状茎稍粗，斜向上或直立，有营养枝。茎少数 或单生，高60~160厘米，有细纵棱，紫褐色，多少分枝；枝短或略长，斜向上；茎、枝微被短柔毛。叶纸质，上面深绿色，初时疏被蛛丝状薄毛，后稀疏或无毛，背面密被灰白色蛛丝状绒毛；茎下部叶椭圆形或长圆形，二回羽状深裂或全裂，具短柄，花期叶凋谢。中部叶椭圆形、椭圆状卵形或长卵形，长3~10厘米，宽1.5~6厘米，一至二回羽状深裂或全裂，每侧有裂片4~5枚，裂片椭圆状披针形或线状披针形，长3~5厘米，宽1~1.5厘米，先端长渐尖，边缘常有1至数枚深或浅裂齿，中轴具狭翅，基部裂片小，成假托叶状，半抱茎，无叶柄。

内蒙古旱蒿　*Artemisia xerophytica* Krasch.

形态特征：小灌木状。主根粗大，木质，垂直，伸长，侧根多；根状茎粗短，直径 2~4 厘米，上部常分化出若干部分，有多数营养枝。茎多数，稀少数，丛生，高 30~40 厘米，木质或下部木质，上部半木质，棕黄色或褐黄色，纵棱明显；上部分枝多，枝细长，初时密被绒毛，后稍稀疏。叶小，半肉质，干时质硬，两面被灰黄色或淡灰黄色略带绢质短绒毛；基生叶与茎下部叶二回羽状全裂，花后常凋落；中部叶卵圆形或近圆形，长 1~1.5 厘米，宽 0.4~0.6 厘米，二回羽状全裂，每侧有裂片 2~3 枚，裂片狭楔形，中部与上部裂片常再 3~5 全裂，基部裂片具 1~2 枚小裂片，小裂片狭匙形、倒披针形或线状倒披针形，长 1~3 毫米，宽 0.5~1.5 毫米，叶柄长 0.3~0.5 厘米；上部叶与苞片叶羽状全裂或 3~5 全裂，裂片狭匙形、倒披针形或线状披针形，无柄。头状花序近球形，直径 3.5~4.5 毫米，具短梗，梗长 1~4 毫米，在分枝端排成松散开展的总状花序或为穗状花序状的总状花序，而在茎上组成中等开展的圆锥花序；总苞片 3~4 层，外层总苞片狭小，狭卵形，背面被灰黄色短柔毛，中间具绿色中肋，边狭膜质，中层总苞片卵形，背面被短柔毛，边宽膜质，内层总苞片半膜质，背面近无毛；花序托具白色托毛；雌花 4~10 朵，花冠近狭圆锥状，檐部具 3~2 裂齿，外面被短柔毛，花柱线形，略伸出花冠外，先端 2 叉，叉端尖；两性花 10~20 朵，花冠管状，檐部外面被短柔毛，花药线形，先端附属物尖，长三角形，基部圆，花柱与花冠近等长，先端 2 叉，叉端截形，有睫毛。瘦果倒卵状长圆形。花果期 8~10 月。

紫菀木属

中亚紫菀市 *Asterothamnus centraliasiaticus* Novopokr.

形态特征：多分枝半灌木，高 20~40 厘米。根状茎粗壮，径超过 1 厘米，茎多数，簇生，下部多分枝，上部有花序枝，直立或斜升，基部木质，坚硬，具细条纹，有被绒毛的腋芽，外皮淡红褐色，被灰白色短绒毛，或后多少脱毛，当年生枝被灰白色蜷曲的短绒，后多少脱毛，变绿色。叶较密集，斜上或直立，长圆状线形或近线形，长 12~15 毫米，宽 1.5~2 毫米，先端尖，基部渐狭，边缘反卷，具 1 明显的中脉，上面被灰绿色，下面被灰白色蜷曲密绒毛。头状花序较大，长 8~10 毫米，宽约 10 毫米，在茎枝顶端排成疏散的伞房花序，花序梗较粗壮，长或较短，少有具短花序梗而排成密集的伞房花序；总苞宽倒卵形，长 6~7 毫米，宽 9 毫米，总苞片 3~4 层，覆瓦状，外层较短，卵圆形或披针形，内层长圆形，顶端全部渐尖或稍钝，通常紫红色，背面被灰白色蛛丝状短毛，具 1 条紫红色或褐色的中脉，具白色宽膜质边缘。外围有 7~10 个舌状花，舌片开展，淡紫色，长约 10 毫米；中央的两性花 11~12 个，花冠管状，黄色，长约 5 毫米，檐部钟状，有 5 个披针形的裂片；花药基部钝，顶端具披针形的附片；花柱分枝顶端有短三角状卵形的附器。瘦果长圆形，长 3.5 毫米，稍扁，基部缩小，具小环，被白色长伏毛；冠毛白色，糙毛状，与花冠等长。花果期 7~9 月。

鬼针草属

狼把草　*Bidens tripartita* L.

　　形态特征：一年生草本。茎直立，高 30~80 厘米，有时可达 90 厘米；由基部分枝，无毛。叶对生，茎顶部的叶小，有时不分裂，茎中、下部的叶片羽状分裂或深裂；裂片 3~5，卵状披针形至狭披针形；稀近卵形，基部楔形，稀近圆形，先端尖或渐尖，边缘疏生不整齐大锯齿，顶端裂片通常比下方者大；叶柄有翼。头状花序顶生，球形或扁球形；总苞片 2 列，内列披针形，干膜质，与头状花序等长或稍短，外列披针形或倒披针形，比头状花序长，叶状；花皆为管状，黄色；柱头 2 裂。

短舌菊属

星毛短舌菊　*Brachanthemum pulvinatum* (Hand.~Mazz.) Shih

形态特征：根粗壮，直伸，木质化。自根头顶端发出多数的木质化的 枝条。老枝灰色、扭曲，枝皮剥落；幼枝浅褐色。除老枝外，全株被稠密贴伏的尘状星状 花，有发育的腋芽。叶全形楔形、椭圆形或半圆形，长 0.5~1 厘米，宽 0.4~0.6 厘米，3.4~5 掌状、掌式羽状或羽状分裂；裂片线形，长 3~6 毫米，宽 0.5 毫米，顶端钝或圆形。叶柄长达 8 毫米。花序下部的叶明显 3 裂。全部叶灰绿色，被贴伏的尘状星状毛，或后变稀毛。叶腋有密集的叶簇。头状花序单生或枝生 3~8 个头状花序，排成不总是规则的疏散伞房花序，花梗长 2.5~7 厘米，常弯曲下垂，少有枝生 2 个头状花序的。总苞半球形或倒圆锥形，径 6~8 毫米。总苞片 4 层，外层卵形或宽卵形，长 2.5 毫米，中层椭圆形，长 4~4.5 毫米，内层倒披针形，长约 4 毫米。中外层外面被稠密贴伏的尘状星状毛，内层几无毛。全部苞片边缘褐色膜质，顶端钝圆。舌状花黄色，7~14 个，舌片椭圆形，长约 5 毫米，顶端 2 微尖齿。瘦果长 2 毫米。花果期 7~9 月。

短星菊属

短星菊　*Brachyactis ciliata* Ledeb.

形态特征：一年生或多年生草本；叶互生；头状花序排成总状花序、聚伞花序或具叶的圆锥花序，异性，放射状；总苞片2~3列，狭，外列常叶状；花序托裸露，有小窝孔；缘花雌性，1至多列，结实，舌片极小；盘花两性，结实，管状，花冠顶端相等的5齿裂；瘦果狭倒卵形，扁平；冠毛近2列，长于舌状花冠。

小甘菊属

灌木小甘菊　*Cancrinia maximoviczii* C. Winkl.

　　形态特征：小半灌木，高 40~50 厘米，多枝。生长习性生于多砾石的山坡及河岸冲积扇上，海拔
2100~3600 米。上部小枝细长呈帚状，具细棱，被白色短绒毛和褐色的腺点。叶外形长圆状线形，有叶柄，
长 1.5~3 厘米，宽 5~12 毫米，羽状深裂；裂片 2~5 对，不等大，镰状，顶端短渐尖，全缘或有 1~2 个
小齿，边缘常反卷；最上部叶线形，全缘或有齿，全部叶上面被疏毛或几无毛，下面被白色短绒毛，两
面有褐色腺点。头状花序 2~5 个在枝端排成伞房状；总苞钟状或宽钟状，直径 5~7 毫米，总苞片 3~4 层，
覆瓦状排列，外层卵状三角形或长圆状卵形，被疏柔毛和褐色腺点，有淡褐色的狭膜质边缘，内层长圆
状倒卵形，边缘膜质，顶端钝。花冠黄色，宽筒状，长约 2 毫米，冠檐 5 短裂齿，有棕色腺点瘦果长约 2
毫米，具 5 条纵肋和腺体；冠毛膜片状，5 裂达基部，长约 1 毫米，不等大，有时边缘撕裂，顶端多少具
芒尖。花果期 7~10 月。

蓟属

牛口刺 *Cirsium shansiense* Petr.

形态特征：多年草本，高 0.3~1.5 米。根直伸，直径可达 2 厘米。茎直立，上部分枝或有时不分枝，全部茎枝有条棱，或全部茎枝被多细胞长节毛或多细胞长节毛和绒毛兼而有之，但通常中部以上有稠密的绒毛。中部茎叶卵形、披针形、长椭圆形、椭圆形或线状长椭圆形，长 5~14 厘米，宽 1~6 厘米，羽状浅裂、半裂或深裂，基部渐狭，有长柄或短柄，或无柄，基部扩大抱茎；侧裂片 3~6 对，偏斜三角形或偏斜半椭圆形，中部侧裂片较大，全部侧裂片不等大 2 齿裂；顶裂片长三角形、宽线形或长线形，宽 0.5~1.5 厘米；全部裂片顶端或齿裂顶端及边缘有针刺，裂片顶端或齿裂顶端针刺较长，长 3~6 毫米，齿缘及裂片边缘较短，紧贴叶缘或平展；自中部叶向上的叶渐小，与中部茎叶同形并等分裂并具有等样的齿裂，或叶不裂，基部渐狭，有叶柄或无叶柄。全部茎叶两面异色，上面绿色，被多细胞长或短节毛，下面灰白色，被密厚的绒毛。头状花序多数在茎枝顶端排成明显或不明显的伞房花序，少有头状花序单生茎顶而植株仅含 1 个头状花序的。总苞卵形或卵球形，无毛，直径 2~2.5 厘米。总苞片 7 层，覆瓦状排列，向内层逐渐加长，最外层长三角形，宽近 1 毫米，包括顶端针刺长 7 毫米，顶端渐尖成针刺，针刺长 2 毫米，外层三角状披针形或卵状披针形，宽 2~3 毫米，包括顶端针刺长 8~10 毫米，顶端有长约 1 毫米的短针刺，中外层顶端针刺贴伏或开展；内层及最内层披针形或宽线形，长 1.2~1.7 厘米，宽 1.2~3 毫米，顶端膜质扩大，红色。全部苞片外面有黑色粘腺。小花粉红色或紫色，长 1.8 厘米，檐部长近 1 厘米，不等 5 深裂，细管部长 8 毫米。瘦果偏斜椭圆状倒卵形，长 4 毫米，宽 2 毫米，顶偏截形。冠毛浅褐色，多层，基部连合成环，整体脱落。冠毛长羽毛状，长 1.5 厘米，向顶端渐细。花果期 5~11 月。夏秋采全草，秋季挖根，晒干，生用，亦用鲜品。有凉血止血、行淤消肿的作用。

还阳参属

弯茎还阳参　*Crepis flexuosa* (Ledeb.) C. B. Clarke

形态特征：多年生草本，高3~30厘米。根垂直直伸，粗或极纤细。茎自基部分枝，基部带红色，有时木质，有时茎极短缩使整个植株成矮小密集团伞状，分枝铺散或斜升。全部茎枝无毛，被多数茎叶。基生叶及下部茎叶倒披针形、长倒披针形、倒披针状卵形、倒披针状长椭圆形或线形，包括叶柄，长1~8厘米，宽0.2~2厘米，基部渐狭或急狭成短或较长的叶柄，叶柄长0.5~1.5厘米，羽状深裂、半裂或浅裂，侧裂片3~5对，对生或偏斜互生，椭圆状或长而尖的大锯状，顶端急尖、钝或圆形，极少二回羽状分裂，一回为全裂或几全裂，二回为半裂，更少叶不分裂而边缘全缘或几全缘；中部与上部茎叶与基生叶及下部茎叶同形或线状披针形或狭线形，并等样分裂，但渐小且无柄或基部有短叶柄；全部叶青绿色，两面无柄。头状花序多数或少数在茎枝顶端排成伞房状花序或团伞状花序。总苞狭圆柱状，长6~9毫米；总苞片4层，外层及最外层短，卵形或卵状披针形，长1.5~2毫米，宽不足1毫米，顶端钝或急尖，内层及最内层长，长6~9毫米，宽不足1毫米，线状长椭圆形，顶端急尖或钝，内面无毛，外面近顶端有不明显的鸡冠状突起或无，全部总苞片果期黑或淡黑绿色，外面无毛。舌状小花黄色，花冠管外面无毛。瘦果纺锤状，向顶端收窄，淡黄色，长约5毫米，顶端无喙，有11条等粗纵肋，沿肋有稀疏的微刺毛。冠毛白色，易脱落，长5毫米，微粗糙。花果期6~10月。

蓝刺头属

砂蓝刺头 *Echinops gmelinii* Turcz.

形态特征:一年生草本。高 20~50 厘米。茎直立,常单一,稀分枝,稍具纵沟棱,无毛或疏被腺毛。叶条形或条状披针形,长 1~5 厘米,宽 3~8 毫米,边缘有白色硬刺,上部叶无毛或疏被腺毛,下部叶被绵毛。复头状花序单生枝端,球形,直径约 3 厘米,淡蓝色或白色,小头状花序的外总苞片为白色刚毛状,完全分离;内总苞片的顶端尖,上端缝状,上部边缘有羽状缘毛,花冠筒白色,长约 3 毫米,裂片 5,条形,淡蓝色,与筒近等长。瘦果密被绒毛,圆锥形,冠毛长约 1 毫米,下部连合。

狗娃花属

阿尔泰狗娃花　*Heteropappus altaicus* (Willd.) Novopokr.

形态特征：多年生草本，有横走或垂直的根。茎直立，高 20~60 厘米（稀达 100 厘米），被上曲或有时开展的毛，上部常有腺，上部或全部有分枝。生于山坡草地、干草坡或路旁草地等处。阿尔泰狗娃花，基部叶在花期枯萎；下部叶条形或矩圆状披针形，倒披针形，或 近匙形，长达 10 厘米，宽 0.7~1.5 厘米，全缘或有疏浅齿；上部叶渐狭小，条形；全部叶两面或下面被粗毛或细毛，常有腺点，中脉在下面稍凸起。头状花序直径 2~3.5 厘米，稀 4 厘米，单生枝端或排成伞房状。总苞半球形，径 0.8~1.8 厘米；总苞片 2~3 层，近等长或外层稍短，矩圆状披针形或条形，长 4~8 毫米，宽 0.6~1.8 毫米，顶端渐尖，背面或外层全部草质，被毛，常有腺，边缘膜质。舌状花约 20 个，管部长 1.5~2.8 毫米，有微毛；舌片浅蓝紫色，矩圆状条形，长 10~15 毫米，宽 1.5~2.5 毫米；管状花长 5~6 毫米，管部长 1.5~2.2 毫米，裂片不等大，长 0.6~1 或 1~1.4 毫米，有疏毛瘦果扁，倒卵状矩圆形，长 2~2.8 毫米，宽 0.7~1.4 毫米，灰绿色或浅褐色，被绢毛，上部有腺。冠毛污白色或红褐色，长 4~6 毫米，有不等长的微糙毛。花果期 5~9 月。

旋覆花属

欧亚旋覆花　*Inula britanica* L.

形态特征：多年生草本，高 20~70 厘米。根状茎短，具多数须根。茎直立，单生，被伏柔毛，上部分枝。叶长圆形或长圆状披针形或广披针形，头状花序 1~5，生于茎顶枝端；苞叶线形或长圆状线形，花序梗细，密被短毛或近无毛；花期 8~9 月，果期 9~10 月。叶长圆形或长圆状披针形或广披针形，茎下部叶较小；茎中上部叶长 4~9 厘米，宽 1.5~2.5 厘米，基部宽大，截形或近心形，有耳，半抱茎，先端渐尖或锐尖，边缘平展，全缘或边缘疏具不明显小齿，表面疏被微毛，背面被长柔毛，密生腺点。头状花序 1~5，生于茎顶枝端；苞叶线形或长圆状线形，长 1~3 厘米，宽 2~5 毫米；花序梗细，密被短毛或近无毛；总苞半球形，径 1.5~2 厘米，总苞片 4~5 层，近等长，边缘具纤毛，外层线状披针形，长渐尖，下部干膜质，上部草质，反折，内层干膜质，渐尖；边花 1 层，雌性，舌状，长 1~2 厘米，宽 1.5~2 毫米，先端 3 齿，黄色，有时疏具腺点，中央花两性，管状，长 3~4 毫米，先端 5 齿裂。瘦果圆柱形，长 1~1.5 毫米，疏被柔毛；冠毛糙毛状，1 层，白色，长 3~4 毫米。花期 8~9 月，果期 9~10 月。

蓼子朴　*Inula salsoloides* (Turcz.) Ostenf.

形态特征：亚灌木，地下茎分枝长，横走，木质，有疏生膜质尖披针形，长达 20 毫米，宽达 4 毫米的鳞片状叶；节间长达 4 厘米。茎平卧，或斜升，或直立，圆柱形，下部木质，高达 45 厘米，基部径达 5 毫米，基部有密集的长分枝，中部以上有较短的分枝，分枝细，常弯曲，被白色基部常疣状的长粗毛，后上部常脱毛，全部有密生的叶；节间长 5~20 毫米，或在小枝上更短。叶披针状或长圆状线形，长 5~10 毫米，宽 1~3 毫米，全缘，基部常心形或有小耳，半抱茎，边缘平或稍反卷，顶端钝或稍尖，稍肉质，上面无毛，下面有腺及短毛。头状花序径 1~1.5 厘米，单生于枝端。总苞倒卵形，长 8~9 毫米；总苞片 4~5 层，线状卵圆状至长圆状披针形，渐尖，干膜质，基部常稍革质，黄绿色，背面无毛，上部或全部有缘毛，外层渐小。舌状花较总苞长半倍，舌浅黄色，椭圆状线形，长约 6 毫米，顶端有 3 个细齿；花柱分枝细长，顶端圆形；管状花花冠长约 6 毫米，上部狭漏斗状，顶端有尖裂片；花药顶端稍尖；花柱分枝顶端钝。冠毛白色，与管状花药等长，有约 70 个细毛。瘦果长 1.5 毫米，有多数细沟，被腺和疏粗毛，上端有较长的毛。花期 5~8 月，果期 7~9 月。根状茎横走。茎直立，由基部向上多分枝，被糙硬毛混生长柔毛和腺点。叶披针形或矩圆状条形，长 3~7 毫米，宽 1~2.5 毫米，先端钝，基部心形或有小耳，半抱茎，全缘，上面无毛，下面被短柔毛和腺点。头状花序直径 1~1.5 厘米，单生于枝端，总苞片 4~5 层，外层渐小，干膜质，有缘毛；舌状花淡黄色，顶端具 3 齿，管状花长 6~8 毫米。瘦果披针形，具多数细沟，被腺和疏粗毛。

苓菊属

蒙疆苓菊 *Jurinea mongolica* Maxim.

形态特征：茎坚挺，粗壮，通常自下部分枝，茎枝灰白色或淡绿色，被稠密或稀疏的蛛丝状绵毛或蛛丝状毛，或脱毛至无毛。多年生草本，高 8~25 厘米。根直伸，粗厚，直径 1.3 厘米。茎基粗厚，团球状或疙瘩状，被密厚的绵毛及残存的褐色的叶柄。茎坚挺，粗壮，通常自下部分枝，茎枝灰白色或淡绿色，被稠密或稀疏的蛛丝状绵毛或蛛丝状毛，或脱毛至无毛。基生叶全形长椭圆形或长椭圆状披针形，宽 1~4 厘米，包括叶柄长 7~10 厘米，叶柄长 2~4 厘米，柄基扩大，叶片羽状深裂、浅裂或齿裂，侧裂片 3~4 对，长椭圆形或三角状披针形，中部侧裂片较大，长 0.5~2 厘米，宽 0.3~0.5 厘米，向上向下侧裂片渐小，顶裂片较长，长披针形或长椭圆状披针形，长 2.5~3 厘米；全部裂片边缘全缘，反卷；茎生叶与基生叶同形或披针形或倒披针形并等样分裂或不裂，但基部无柄，然小耳状扩大。全部茎叶两面同色或几同色，绿色或灰绿色，无毛或被稀疏的蛛丝毛。头状花序单生枝端，植株有少数头状花序，并不形成明显眸伞房花序式排列。总苞碗状，直径 2~2.5 厘米，绿色或黄绿色。总苞片 4~5 层，最外层披针形，长 4.5~5.5 毫米，宽 1.5~2 毫米；中层披针形或长圆状披针形，长 7 11 毫米，宽达 2 毫米；最内层线状长椭圆形或宽线形，长达 2.1 厘米。全部苞片质地坚硬，革质，直立，紧贴，外面有黄色小腺点及稀疏蛛丝毛，中外层苞片外面通常被稠密的短糙毛。花冠红色，外面有腺点，檐部长 1.1 厘米，细管部长 9 毫米。瘦果淡黄色，倒圆锥状，长 6 毫米，宽 3 毫米，4 肋，基底着生面平，上部有稀疏的黄色小腺点，顶端截形，果缘边缘齿裂。冠毛褐色，不等长，有 2~4 根超长的冠毛刚毛，长达 1.1 厘米；冠毛刚毛短羽毛状，基部不连合成环，不脱落，永久固结在瘦果上。花期 5~8 月。

花花柴属

花花柴 *Karelinia caspia* (Pall.) Less.

　　形态特征：多年生草本植物。茎直立，叶卵形至长圆形，长 1~6 厘米，宽 0.5~2.5 厘米，金色的头状花序，常排列成聚伞状。多年生草本，高 50~100 厘米，有时达 150 厘米。茎粗壮，直立，多分枝，基部径 8~10 毫米，圆柱形，中空，幼枝有沟或多角形，被密糙毛或柔毛，老枝除有疣状突起外，几无毛，节间长 1~5 厘米。叶卵圆形，长卵圆形，或长椭圆形，长 1.5~6.5 厘米，宽 0.5~2.5 厘米，顶端钝或圆形，基部等宽或稍狭，有圆形或戟形的小耳，抱茎，全缘，有时具稀疏而不规则的短齿，质厚，几肉质，两面被短糙毛，后有时无毛；中脉和侧脉纤细，在下面稍高起。头状花序长 13~15 毫米，约 3~7 个生于枝端；花序梗长 5~25 毫米；苞叶渐小，卵圆形或披针形。总苞卵圆形或短圆柱形，长 10~13 毫米；总苞片约 5 层，外层卵圆形，顶端圆形，较内层短 3~4 倍，内层长披针形，顶端稍尖，厚纸质，外面被短毡状毛，边缘有较长的缘毛。小花黄色或紫红色；雌花花冠丝状，长 7~9 毫米；花柱分枝细长，顶端稍尖；两性花花冠细管状，长 9~10 毫米，上部约四分之一稍宽大，有卵形被短毛的裂片；花药超出花冠；花柱分枝较短，顶端尖。冠毛白色，长 7~9 毫米；雌花冠毛有纤细的微糙毛；雄花冠毛顶端较粗厚，有细齿。瘦果长约 1.5 毫米，圆柱形，基部较狭窄，有 4~5 纵棱，无毛。花期 7~9 月；果期 9~10 月。

乳菊属

乳菊 *Mulgedium tataricum* (L.) DC.

形态特征：多年生草本，高15~60厘米。根垂直直伸。茎直立，有细条棱或条纹，上部有圆锥状花序分枝，全部茎枝光滑无毛。中下部茎叶长椭圆形或线状长椭圆形或线形，基部渐狭成短柄，柄长1~1.5厘米或无柄，长6~19厘米，宽2~6厘米，羽状浅裂或半裂或边缘有多数或少数大锯齿，顶端钝或急尖，侧裂片2~5对，中部侧裂片较大，向两端的侧裂片渐小，全部侧裂片半椭圆形或偏斜的宽或狭三角形，边缘全缘或有稀疏的小尖头或边缘多锯齿，顶裂片披针形或长三角形，边缘全缘或边缘细锯齿或稀锯齿；向上的叶与中部茎叶同形或宽线形，但渐小。全部叶质地稍厚，两面光滑无毛。头状花序约含20枚小花，多数，在茎枝顶端狭或宽圆锥花序。总苞圆柱状或楔形，长2厘米，宽约0.8毫米，果期不为卵球形；总苞片4层，不成明显的覆瓦状排列，中外层较小，卵形至披针状椭圆形，长3~8毫米，宽1.5~2毫米，内层披针形或披针状椭圆形，长2厘米，宽2毫米，全部苞片外面光滑无毛，带紫红色，顶端渐尖或钝。舌状小花紫色或紫蓝色，管部有白色短柔毛。瘦果长圆状披针形，稍压扁，灰黑色，长5毫米，宽约1毫米，每面有5~7条高起的纵肋，中肋稍粗厚，顶端渐尖成长1毫米的喙。冠毛2层，纤细，白色，长1厘米，微锯齿状，分散脱落。花果期6~9月。

栉叶蒿属

栉叶蒿 *Neopallasia pectinata* (Pall.) Poljak.

形态特征：一年生草本。茎自基部分枝或不分枝，直立，高 12~40 厘米，常带淡紫色，多少被稠密的白色绢毛。叶长圆状椭圆形，栉齿状羽状全裂，裂片线状钻形，单一或有 1~2 同形的小齿，无毛，有时具腺点，无柄，羽轴向基部逐渐膨大，下部和中部茎生叶长 1.5~3 厘米，宽 0.5~1 厘米，或更小，长 0.3~0.5 厘米，上部和花序下的叶变短小。头状花序无梗或几无梗，卵形或狭卵形，长 3~4 毫米，单生或数个集生于叶腋，多数头状花序在小枝或茎中上部排成多少紧密的穗状或狭圆锥状花序；总苞片宽卵形，无毛，草质，有宽的膜质边缘，外层稍短，有时上半部叶质化；内层较狭。边缘的雌性花 3~4 个，能育，花冠狭管状，全缘；中心花两性，9~16 个，有 4~8 个着生于花托下部，能育，其余着生于花托顶部的不育，全部两性花花冠 5 裂，有时带粉红色。瘦果椭圆形，长 1.2~1.5 毫米，深褐色，具细沟纹，在花托下部排成一圈。花果期 7~9 月。

蝟菊属

火媒草　*Olgaea leucophylla* (Turcz.) Iljin

形态特征：多年生草本。株高 30~70cm，茎粗壮，密被白色绵毛，不分枝或上部少分枝，基部被褐色枯叶柄纤维。叶矩圆状披针形，长 5~25cm，宽 3~4cm，先端具长针刺，基部沿茎下延成翅。边缘具不规则的疏齿或为羽状浅裂，裂片、齿端及叶缘均具不等长的针刺，上面绿色，下面密被灰白色毡毛。头状花序，直径 3~5cm，单生枝端或有时在枝端具侧生的较小头状花序 1~2 枚；总苞片多层，先端具长刺尖，管状花粉红色，檐部 5 裂，花药无毛，瘦果矩圆形，苍白色，具隆起纵纹和褐斑，冠毛密生，黄褐色，刺毛状，不等长。可入药。

风毛菊属

达乌里风毛菊　*Saussurea davurica* Adams

形态特征：多年生草本，高 4~15 厘米，全株灰绿色。根细长，黑褐色。茎直立，单生或 2~3 个，有脉纹或棱，无毛或被稀疏的短柔毛，基部直径 2~4 毫米。基生叶有叶柄，柄长 1.5~3 厘米；柄基扩大，叶片披针形或长椭圆形，长 2~10 厘米，宽 0.5~2 厘米，顶端急尖，基部楔形或宽楔形，边缘全缘、浅波状锯齿或下部倒向羽状浅裂或深裂，侧裂片宽三角形，顶端钝；茎生叶少数或多数，下部茎叶与基生叶同形，但较小，边缘波状浅锯齿或全缘，基部楔形渐狭成短柄或无柄，上部茎叶更小，长椭圆形或宽线形，无柄；全部叶两面灰绿色，肉质，无毛，有稠密的淡黄色的小腺点，边缘有或无糙硬毛。头状花序少数或多数，在茎枝顶端排成球形或半球形的伞房花序。总苞圆柱状，直径 (3) 5~6 毫米；总苞片 6~7 层，外层卵形或椭圆形，长 2~4 毫米，宽 1~1.5 毫米，顶端急尖或钝，上部带紫红色，中层长椭圆形，长 7 毫米，宽 1.5 毫米，顶端急尖，上部带紫红色，内层线形，长 1.05 厘米，宽 1 毫米，顶端急尖，上部带紫红色，全部总苞片外面几无毛，边缘有短柔毛。小花粉红色，长 1.5 厘米，细管部长 8 毫米，檐部长 7 毫米。瘦果圆柱状，长 2~3 毫米，顶部有小冠。冠毛 2 层，白色，外层短，单毛状，长 2 毫米，内层长，羽毛状，长 1.1~1.2 厘米。花果期 8~9 月。

裂叶风毛菊　*Saussurea laciniata* Ledeb.

形态特征：多年生草本。茎直立，高15~50厘米，基部有褐色的纤维状撕裂的叶柄残迹，有具尖齿的狭翼，自基部分枝，被稀疏的短柔毛。基生叶有叶柄，叶柄长1~7厘米，柄基鞘状扩大，叶片全形长椭圆形，长3~12厘米，宽1.5~2厘米，二回羽状深裂，一回侧裂片5~10对，互生或对生，二回裂片三角形、偏斜三角形或锯齿状，顶端有软骨质小尖头，极少羽状深裂，裂片长椭圆形，边缘全缘，顶端有软骨质小尖头；中部与上部茎叶线形或长椭圆形，羽状浅裂或深裂或不分裂而边缘全缘，无柄；全部叶质地厚，两面被稀疏的短柔毛和黄色的小腺点。头状花序少数或多数，在茎枝顶端成伞房花序状排裂，有小花梗。总苞钟状，直径8毫米；总苞片5层，外层卵形或长卵形，长4毫米，宽1.8毫米，顶端绿色，草质，反折或几不反折，有小尖头，中层卵状披针形，长6~8毫米，宽约2毫米，顶端绿色具齿草质扩大，有小尖头，内层线形或线状披针形，长10毫米，宽1.5~2毫米，顶端有淡紫色的具齿的膜质附片，附片被稠密的长柔毛及小腺点。小花红紫色，长10~12毫米，细管部长6毫米，檐部长4毫米。瘦果圆柱状，深褐色，长2~3毫米。冠毛白色，2层，外层短，糙毛状，长4毫米，内层长，羽毛状，长1厘米。花果期7~8月。

鸦葱属

鸦葱 *Scorzonera austriaca* Willd.

形态特征：多年生草本，高10~20厘米，植株无毛。根粗，直立，根茎处常分枝形成地下直立或斜上升的根状茎，分枝或不分枝，外被深褐色的残存叶柄所成粗纤维。茎单生或数个丛生，直立或外倾。多年生草本，高10~42厘米。根垂直直伸，黑褐色。茎多数，簇生，不分枝，直立，光滑无毛，茎基被稠密的棕褐色纤维状撕裂的鞘状残遗物。基生叶线形、狭线形、线状披针形、线状长椭圆形、线状披针形或长椭圆形，长3~35厘米，宽0.2~2.5厘米，顶端渐尖或钝而有小尖头或急尖，向下部渐狭成具翼的长柄，柄基鞘状扩大或向基部直接形成扩大的叶鞘，3~7出脉，侧脉不明显，边缘平或稍见皱波状，两面无毛或仅沿基部边缘有蛛丝状柔毛；茎生叶少数，2~3枚，鳞片状，披针形或钻状披针形，基部心形，半抱茎。头状花序单生茎端。总苞圆柱状，直径1~2厘米。总苞片约5层，外层三角形或卵状三角形，长6~8毫米，宽约6.5毫米，中层偏斜披针形或长椭圆形，长1.6~2.1厘米，宽5~7毫米，内层线状长椭圆形，长2~2.5厘米，宽3~4毫米；全部总苞片外面光滑无毛，顶端急尖、钝或圆形。舌状小花黄色。瘦果圆柱状，长1.3厘米，有多数纵肋，无毛，无脊瘤。冠毛淡黄色，长1.7厘米，与瘦果连接处有蛛丝状毛环，大部为羽毛状，羽枝蛛丝毛状，上部为细锯齿状。花果期4~7月。

拐轴鸦葱 *Scorzonera divaricata* Turcz. var. divaricate

　　形态特征：多年生草本，高 20~70 厘米。根垂直直伸，直径达 4 毫米，有时达 1 厘米。茎直立，自基部多分枝，分枝铺散或直立或斜升，全部茎枝灰绿色，被尘状短柔毛或脱毛至无毛，纤细，茎基裸露，无残存的鞘状残遗物。叶线形或丝状，长 1~9 厘米，宽 1~2 毫米，先端长渐尖，常卷曲成明显或不明显钩状，向上部的茎叶短小，全部叶两面被微毛或脱毛至无毛，平，中脉宽厚。头状花序单生茎枝顶端，形成明显或不明显的疏松的伞房状花序，具 4~5 枚舌状小花。总苞狭圆柱状，宽 5~6 毫米：总苞片约 4 层，外层短，宽卵形或长卵形，长约 5 毫米，宽约 2.5 毫米，中内层渐长，长椭圆状披针形或线状长椭圆形，长 1.2~2 厘米，宽 2.5~3.5 毫米，顶端急尖或钝，或内层有时顶端短渐尖；全部苞外面被尘状短柔毛或果期变稀毛。舌状小花黄色。瘦果圆柱状，长约 8.5 毫米，有多数（约 10 条）纵肋，无毛，淡黄色或黄褐色。冠毛污黄色；其中 3~5 根超长、长达 2.5 厘米，在与瘦果连接处有蛛丝状毛环。全部冠毛羽毛状，羽枝蛛丝毛状，但冠毛的上部为细锯齿状。花果期 5~9 月。

蒙古鸦葱　*Scorzonera mongolica* Maxim.

　　形态特征：多年生草本，高 6~30 厘米，灰绿色，无毛。根垂直，圆柱状，肉质，褐色或黄乳色，里面有厚或薄绵毛。茎多数，上部分枝，直立或自基部铺散。叶肉质；灰绿色，具不明显的 3~5 脉，基生叶披针形或条状披针形，基部渐狭成短柄，茎生叶无柄，条状披针形。头状花序单生茎端或分枝顶端，狭圆锥状，长 1.8~2.8 厘米；宽 3~7 毫米，总苞片无毛或有微毛，外层卵形，内层长椭圆状条形，舌状花黄色，干时红色，瘦果长约 7 毫米，有纵肋，上部有疏柔毛，冠毛白色，羽状。具有饲用价值。

苦苣菜属

长裂苦苣菜　*Sonchus brachyotus* DC.

　　形态特征：一年生草本，高50~100厘米。根垂直直伸，生多数须根。茎直立，有纵条纹，基部直径达1.2毫米，上部有伞房状花序分枝，分枝长或短或极短，全部茎枝光滑无毛。基生叶与下部茎叶全形卵形、长椭圆形或倒披针形。长6~19厘米，宽1.5~11厘米，羽状深裂、半裂或浅裂，极少不裂，向下渐狭，无柄或有长1~2厘米的短翼柄，基部圆耳状扩大，半抱茎，侧裂片3~5对或奇数，对生或部分互生或偏斜互生，线状长椭圆形、长三角形或三角形，极少半圆形，顶裂片披针形，全部裂片边缘全缘，有缘毛或无缘毛或缘毛状微齿，顶端急尖或钝或圆形；中上部茎叶与基生叶和下部茎叶同形并等样分裂，但较小；最上部茎叶宽线形或宽线状披针形，接花序下部的叶常钻形；全部叶两面光滑无毛。头状花序少数在茎枝顶端排成伞房状花序。总苞钟状，长1.5~2厘米，宽1~1.5厘米；总苞片4~5层，最外层卵形，长6毫米，宽3毫米，中层长三角形至披针形，长9~13毫米，宽2.5~3毫米，内层长披针形，长1.5厘米，宽2毫米，全部总苞片顶端急尖，外面光滑无毛。舌状小花多数，黄色。瘦果长椭圆状，褐色，稍压扁，长约3毫米，宽约1.5毫米，每面有5条高起的纵肋，肋间有横皱纹。冠毛白色，纤细，柔软，纠缠，单毛状，长1.2厘米。花果期6~9月。

蒲公英属

多裂蒲公英　*Taraxacum dissectum* (Ledeb.) Ledeb.

　　形态特征：多年生草本。根茎部密被黑褐色残存叶基，叶腋有褐色细毛。叶线形，稀少披针形，长 2~5 厘米，宽 3~10 毫米，羽状全裂，顶端裂片长三角状戟形，全缘，先端钝或急尖，每侧裂片 3~7 片，裂片线形，裂片先端钝或渐尖，全缘，裂片间无齿或小裂片，两面被蛛丝状短毛，叶基有时显紫红色。花葶 1~6，长于叶，高 4~7 厘米，花时常整个被丰富的蛛丝状毛；头状花序直径约 10~25 毫米；总苞钟状，长 8~11 毫米，总苞片绿色，先端常显紫红色，无角。外层总苞片卵圆形至卵状披针形，长 5~6 毫米，宽 3.5~4 毫米，伏贴，中央部分绿色，具有宽膜质边缘；内层总苞片长为外层总苞片的 2 倍；舌状花黄色或亮黄色，花冠喉部的外面疏生短柔毛，舌片长 7~8 毫米，宽 1~1.5 毫米，基部筒长约 4 毫米，边缘花舌片背面有紫色条纹，柱头淡绿色。瘦果淡灰褐色，长 4.4~4.6 毫米，中部以上具大量小刺，以下具小瘤状突起，顶端逐渐收缩为长约 0.8~1.0 毫米的喙基，喙长 4.5~6 毫米；冠毛白色，长 6~7 毫米。花果期 6~9 月。

蒲公英　*Taraxacum mongolicum* Hand.~Mazz.

　　形态特征：蒲公英属多年生草本植物。根圆锥状，表面棕褐色，皱缩，叶边缘有时具波状齿或羽状深裂，基部渐狭成叶柄，叶柄及主脉常带红紫色，花葶上部紫红色，密被蛛丝状白色长柔毛；头状花序，总苞钟状，瘦果暗褐色，长冠毛白色，花果期4~10月。蒲公英植物体中含有蒲公英醇、蒲公英素、胆碱、有机酸、菊糖等多种健康营养成分，有利尿、缓泻、退黄疸、利胆等功效。蒲公英同时含有蛋白质、脂肪、碳水化合物、微量元素及维生素等，有丰富的营养价值，可生吃、炒食、做汤，是药食兼用的植物。

白缘蒲公英　*Taraxacum platypecidum* Diels

形态特征：多年生草本。根茎部有黑褐色残存叶柄。叶宽倒披针形或披针状倒披针形,长 10~30 厘米,宽 2~4 厘米,羽状分裂,每侧裂片 5~8 片,裂片三角形,全缘或有疏齿,侧裂片较大,三角形,疏被蛛丝状柔毛或几无毛。花葶 1 至数个,高达 45 厘米,上部密被白色蛛丝状绵毛;头状花序大型,直径约 40~45 毫米;总苞宽钟状,长 15~17 毫米,总苞片 3~4 层,先端有或无小角;外层总苞片宽卵形,中央有暗绿色宽带,边缘为宽白色膜质,上端粉红色,被疏睫毛,内层总苞片长圆状线形或线状披针形,长约为外层总苞片的 2 倍;舌状花黄色,边缘花舌片背面有紫红色条纹,花柱和柱头暗绿色,干时多少黑色。瘦果淡褐色,长约 4 毫米,宽 1~1.4 毫米,上部有刺状小瘤,顶端突然缢缩为圆锥至圆柱形的喙基,喙基长约 1 毫米,喙纤细,长 8~12 毫米;冠毛白色,长 7~10 毫米。花果期 3~6 月。

碱菀属

碱菀 *Tripolium vulgare* Nees

形态特征：一年生草本；叶互生，长圆形或线形；头状花序异性，放射状，于枝顶作伞房花序式排列；总苞片2~3列，边缘常带红色；缘花1列，雌性，舌状，舌片蓝紫色或浅红色，顶端具3齿；盘花多数，两性，管状，花冠顶端有5个不等长的裂片；瘦果圆柱形，具厚边肋，两面各有1细肋；冠毛多列，不等长，白色或浅红色，花后延长。

苍耳属

苍耳 *Xanthium sibiricum* Patrin ex Widder

　　形态特征：一年生草本，高可达 1 米。叶卵状三角形，长 6~10 厘米，宽 5~10 厘米，顶端尖，基部浅心形至阔楔形，边缘有不规则的锯齿或常成不明显的 3 浅裂，两面有贴生糙伏毛；叶柄长 3.5~10 厘米，密被细毛。壶体状无柄，长椭圆形或卵形，长 10~18 毫米，宽 6~12 毫米，表面具钩刺和密生细毛，钩刺长 1.5~2 毫米，顶端喙长 1.5~2 适米。花期 7~10 月，果期 8~11 月。

香蒲科

香蒲属

水烛　*Typha angustifolia* L.

形态特征：水生或沼生多年草本植物。植株高大，地上茎直立，粗壮，叶片较长，雌花序粗大。叶鞘抱茎。小坚果长椭圆形，种子深褐色。花果期6~9月。是中国的一种野生蔬菜，其假茎白嫩部分（即蒲菜）和地下匍匐茎尖端的幼嫩部分（即草芽）可以食用，味道清爽可口。花粉入药，称"蒲黄"，能消炎、止血、利尿；雌花当作"蒲绒"，可填床枕。花序可作切花或干花。水烛是中国传统的水景花卉，用于美化水面和湿地。水烛的叶片可作编织材料；茎叶纤维可造纸。

蒙古香蒲　*Typha davidiana* Hand.~Mazz.

　　形态特征：多年生草本，高 60 ~ 100 厘米。根状茎横走。茎直立，圆柱形，基部具干枯残存叶鞘。叶线形，长 30~60 厘米，宽 2~3 毫米，基部扩展成鞘状，开裂，两边重叠抱茎，鞘口膜质。雌雄花序相离，间距 2~4 厘米；雄花序长 10 厘米以上；雌花序椭圆形或椭圆状圆柱形。

小香蒲　*Typha minima* Funk~Hoppe

　　形态特征:多年生沼生或水生草本。根状茎姜黄色或黄褐色,先端乳白色。地上茎直立,细弱,矮小,高16~65厘米。叶通常基生,鞘状,无叶片,如叶片存在,长15~40厘米,宽约1~2毫米,短于花葶,叶鞘边缘膜质,叶耳向上伸展,长0.5~1厘米。雌雄花序远离,雄花序长3~8厘米,花序轴无毛,基部具1枚叶状苞片,长4~6厘米,宽4~6毫米,花后脱落;雌花序长1.6~4.5厘米,叶状苞片明显宽于叶片。雄花无被,雄蕊通常1枚单生,有时2~3枚合生,基部具短柄,长约0.5毫米,向下渐宽,花药长1.5毫米,花粉粒成四合体,纹饰颗粒状;雌花具小苞片;孕性雌花柱头条形,长约0.5毫米,花柱长约0.5毫米,子房长0.8~1毫米,纺锤形,子房柄长约4毫米,纤细;不孕雌花子房长1~1.3毫米,倒圆锥形;白色丝状毛先端膨大呈圆形,着生于子房柄基部,或向上延伸,与不孕雌花及小苞片近等长,均短于柱头。小坚果椭圆形,纵裂,果皮膜质。种子黄褐色,椭圆形。花果期5~8月。

眼子菜科

眼子菜属

菹草　*Potamogeton crispus* L.

　　形态特征：多年生沉水草本植物。茎扁圆形，具有分枝。叶披针形，先端钝圆，叶缘波状并具锯齿。具叶托，无叶柄。花序穗状。秋季发芽，冬春生长，4~5月开花结果，夏季6月后逐渐衰退腐烂，同时形成鳞枝（冬芽）以度过不适环境。冬芽坚硬，边缘具有齿，形如松果，在水温适宜时在开始萌发生长。叶条形，无柄。花果期4~7月。可作绿肥并可净化水质。

浮叶眼子菜　*Potamogeton natans* L.

　　形态特征：多年生水生草本植物。根茎发达，白色，分枝，茎圆柱形，多分枝，节处生有须根。直径 1.5~2mm，通常不分枝或极少分枝。浮水叶革质，卵形至矩圆状卵形，有时为卵状椭圆形，长 4~9 厘米，宽 2.5~5 厘米 . 先端圆形或具钝尖头，基部心形至圆形，稀渐狭，具长柄；叶脉 23~35 条，于叶端连接，其中 7~10 条显著；沉水叶质厚，叶柄状，呈半圆柱状的线形，先端较钝，长 10~20 厘米，宽 2~3 毫米，具不明显的 3~5 脉；常早落；托叶近无色，长 4~8 厘米，鞘状抱茎，多脉，常呈纤维状宿存。穗状花序顶生，长 3~5 厘米，具花多轮，开花时伸出水面；花序梗稍有膨大，粗于茎或有时与茎等粗，开花时通常直立，花后弯曲而使穗沉没水中，长 3~8 厘米。花小，被片 4，绿色，肾形至近圆形，径约 2 毫米；雌蕊 4 枚，离生。果实倒卵形，外果皮常为灰黄色，长 3.5~4.5 毫米，宽 2.5~3.5 毫米；背部钝圆，或具不明显的中脊。花果期约 7~10 月。

穿叶眼子菜　*Potamogeton perfoliatus* L.

　　形态特征：多年生沉水草本，根状茎细长，横行，白色。茎长约60厘米，软弱，多分枝，直径约2～3毫米，节间长约1～3厘米。叶互生，花梗下的叶对生，宽卵形或卵状披针形，长2~5厘米，宽1~2.5厘米，顶端钝至急尖，基部心形，抱茎，全缘而常有波皱，脉11~15条；托叶薄膜质，白色，鞘状，长5~20毫米，不久破裂为纤维状或脱落。总花梗生于叶腋，穗状花序生于茎顶或叶腋；梗长2~4厘米，与茎等粗；穗长1.5~3厘米，密生小花。小坚果宽倒卵形，长约2.5~3毫米，直径2~2.3毫米，顶端具短喙，背部有1全缘的隆脊。　生于淡水湖盆和较少流动的河沟。

水麦冬科

水麦冬属

水麦冬 *Triglochin palustre* L.

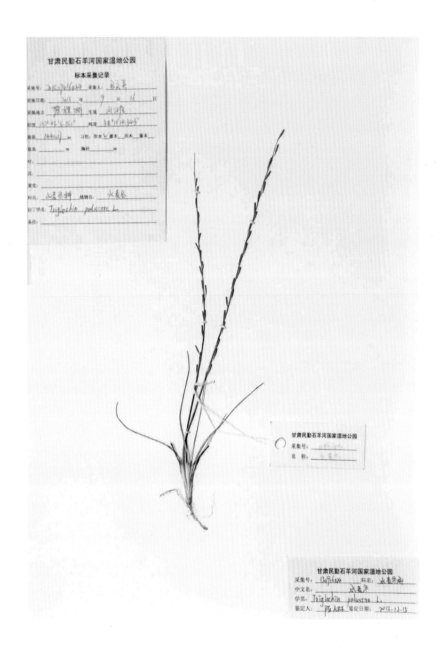

形态特征：沼生草本,具根状茎,有时具块根,叶通常基生,线形,基部有鞘,有时浮于水面;花为风媒花,两性或单性异株或为杂性花,辐射对称,无苞片;花被片6,2轮;雄蕊6~4,花药近于无花丝;心皮6~4,离生或多少合生,上位,花柱粗短或不存在,柱头常为羽状或乳突状;胚珠倒生,1枚,生于子房室底;果圆筒状至倒卵形,由离生或合生的成熟心皮组成,顶端直或弯,基部有时具2个钩状距,裂或不裂;种子无胚乳。

泽泻科

泽泻属

东方泽泻　*Alisma orientale* (Sam.) Juzep.

　　形态特征：多年生水生或沼生草本，块茎直径 1~2 厘米，花药黄绿色或黄色，种子紫红色，长约 1.1 毫米，宽约 0.8 毫米。花果期 5~9 月。今药用泽泻的原植物。块茎直径 1~2 厘米，或较大。叶多数；挺水叶宽披针形、椭圆形，长 3.5~11.5 厘米，宽 1.3~6.8 厘米，先端渐尖，基部近圆形或浅心形，叶脉 5~7 条，叶柄长 3.2~34 厘米，较粗壮，基部渐宽，边缘窄膜质。花葶高 35~90 厘米，或更高。花序长 20~70 厘米，具 3~9 轮分枝，每轮分枝 3~9 枚；花两性，直径约 6 毫米；花梗不等长，1~2.5 厘米；外轮花被片卵形，长 2~2.5 毫米，宽约 1.5 毫米，边缘窄膜质，具 5~7 脉，内轮花被片近圆形，比外轮大，白色、淡红色，稀黄绿色，边缘波状；心皮排列不整齐，花柱长约 0.5 毫米，直立，柱头长约为花柱 1/5;花丝长 1~1.2 毫米，基部宽约 0.3 毫米，向上渐窄，花药黄绿色或黄色，长 0.5~0.6 毫米，宽 0.3~0.4 毫米；花托在果期呈凹凸，高约 0.4 毫米。瘦果椭圆形，长 1.5~2 毫米，宽 1~1.2 毫米，背部具 1~2 条浅沟，腹部自果喙处凸起，呈膜质翅，两侧果皮纸质，半透明，或否，果喙长约 0.5 毫米，自腹侧中上部伸出。种子紫红色，长约 1.1 毫米，宽约 0.8 毫米。

禾本科

芨芨草属

芨芨草　*Achnatherum splendens* (Trin.) Nevski

形态特征：植株具粗而坚韧外被砂套的须根。秆直立，坚硬，内具白色的髓，形成大的密丛，高50~250厘米，径3~5毫米，节多聚于基部，具2至3节，平滑无毛，基部宿存枯萎的黄褐色叶鞘。叶鞘无毛，具膜质边缘；叶舌三角形或尖披针形，长5~10毫米；叶片纵卷，质坚韧，长30~60厘米，宽5~6毫米，上面脉纹凸起，微粗糙，下面光滑无毛。圆锥花序长30~60厘米，开花时呈金字塔形开展，主轴平滑，或具角棱而微粗糙，分枝细弱，2~6枚簇生，平展或斜向上升，长8~17厘米，基部裸露；小穗长4.5~7毫米（除芒），灰绿色，基部带紫褐色，成熟后常变草黄色；颖膜质，披针形，顶端尖或锐尖，第一颖长4~5毫米，具1脉，第二颖长6~7毫米，具3脉；外稃长4~5毫米，厚纸质，顶端具2微齿，背部密生柔毛，具5脉，基盘钝圆，具柔毛，长约0.5毫米，芒自外稃齿间伸出，直立或微弯，粗糙，不扭转，长5~12毫米，易断落；内稃长3~4毫米，具2脉而无脊，脉间具柔毛；花药长2.5~3.5毫米，顶端具毫毛。花果期6~9月。5~3.5mm，先端具毫毛。花果期6~9月。为中等品质饲草，对于中国西部荒漠、半荒漠草原区，解决大牲畜冬春饲草具有一定作用，终年为各种牲畜所采食，但时间和程度不一。骆驼、牛喜食，其次马、羊。在春季，夏初嫩茎为牛、羊喜食，夏季茎叶粗老，骆驼喜食，马次之，牛、羊下食。霜冻后的茎叶各种家畜均采食。

三芒草属

三芒草　*Aristida adscensionis* L.

形态特征：一年生草本；须根较坚韧，有时具沙套。秆直立或倾斜，常膝曲，高 13~43 厘米。叶鞘光滑，多短于节间；叶舌短，具纤毛；叶片纵卷如针状，长 3~20cm，上面脉上被为刺毛，下面粗糙或亦被微色。圆锥花序长 6~20 厘米，分枝单生，细弱，多贴生于主轴；小穗灰绿色或带紫色，长 6.5~12 毫米，含 1 花；颖膜质，具 1 脉，第一颖长 4~9 毫米，第二颖长 6~10 毫米；外稃中脉被微小刺毛，顶端具 3 芒，芒粗糙，主芒长 12 厘米，侧芒略短；基盘尖，长 0.4~0.7 毫米，被上向细毛；内稃小，长约 1 毫米，为外稃包卷。细胞染色体 2n=22。

菵草属

菵草 *Beckmannia syzigachne* (Steud.) Fern.

形态特征:秆直立,高 15~90 厘米,具 2~4 节。叶鞘无毛,多长于节间;叶舌透明膜质,长 3~8 毫米;叶片扁平,长 5~20 厘米,宽 3~10 毫米,粗糙或下面平滑。圆锥花序长 10~30 厘米,分枝稀疏,直立或斜升;小穗扁平,圆形,灰绿色,常含 1 小花,长约 3 毫米;颖草质;边缘质薄,白色,背部灰绿色,具淡色的横纹;外稃披针形,具 5 脉,常具伸出颖外之短尖头;花药黄色,长约 1 毫米。颖果黄褐色,长圆形,长约 1.5 毫米,先端具丛生短毛。花果期 4~10 月。

拂子茅属

拂子茅 *Calamagrostis epigeios* (L.) Roth

　　形态特征：多年生，具根状茎。秆直立，平滑无毛或花序下稍粗糙，高45~100厘米，径2~3毫米。叶鞘平滑或稍粗糙，短于或基部者长于节间；叶舌膜质，长5~9毫米，长圆形，先端易破裂；叶片长15~27厘米，宽4~8毫米，扁平或边缘内卷，上面及边缘粗糙，下面较平滑。圆锥花序紧密，圆筒形，劲直、具间断，长10~25厘米，中部径1.5~4厘米，分枝粗糙，直立或斜向上升；小穗长5~7毫米，淡绿色或带淡紫色；两颖近等长或第二颖微短，先端渐尖，具1脉，第二颖具3脉，主脉粗糙；外稃透明膜质，长约为颖之半，顶端具2齿，基盘的柔毛几与颖等长，芒自稃体背中部附近伸出，细直，长2~3毫米；内稃长约为外2/3，顶端细齿裂；小穗轴不延伸于内稃之后，或有时仅于内稃之基部残留1微小的痕迹；雄蕊3，花药黄色，长约1.5毫米。花果期5~9月。

大拂子茅　*Calamagrostis macrolepis* Litv.

形态特征：多年生，具根茎。秆直立，较粗壮，高90~120厘米，径3~4毫米，具4~5节，花序下稍糙涩。叶鞘平滑无毛，长于或上部者短于节间；叶舌纸质成厚膜质，长5~12毫米，顶端易破碎；叶片长15~40厘米，宽5~9毫米，扁平或边缘内卷言，上面和边缘稍粗糙，下面平滑。圆锥花序紧密，披针形，有间断，长20~25厘米，宽3~4.5厘米，分枝直立，粗糙，长1~3厘米，自基部即密生小穗；小穗长9~11毫米，淡绿色，成熟时带紫色或草黄色；颖片锥状披针形，不等长，第一颖长9~11毫米，第二颖长7~9毫米，具1脉，第二颖基部具3脉，主脉粗糙；外稃长4~5毫米，顶端微2裂，自裂齿间或稍下伸出1细直芒，芒长3~4毫米，基盘具长7~9毫米的柔毛；内稃约短于外稃1/3，小穗轴不延伸于内稃之后；雄蕊3，花药长2.5~3毫米。花期7~9月。

假苇拂子茅 *Calamagrostis pseudophragmites* (Haller f.) Koeler

形态特征：叶鞘平滑无毛，或稍粗糙，短于节间，有时在下部者长于节间；叶舌膜质，长 4~9 毫米，长圆形，顶端钝而易破碎；叶片长 10~30 厘米，宽 1.5~5 毫米，扁平或内卷，上面及边缘粗糙，下面平滑。圆锥花序长圆状披针形，疏松开展，长 10~20 厘米，宽 3~5 厘米，分枝簇生，直立，细弱，稍糙涩；小穗长 5~7 毫米，草黄色或紫色；颖线状披针形，成熟后张开，顶端长渐尖，不等长，第二颖较第一颖短 1/4~1/3，具 1 脉或第二颖具 3 脉，主脉粗糙；外稃透明膜质，长 3~4 毫米，具 3 脉，顶端全缘，稀微齿裂，芒自顶端或稍下伸出，细直，细弱，长 1~3 毫米，基盘的柔毛等长或稍短于小穗；内稃长为外稃的 1/3~2/3；雄蕊 3，花药长 1~2 毫米。花果期 7~9 月。

虎尾草属

虎尾草 *Chloris virgata* Swartz

形态特征：一年生草本植物，须根，根较细；秆稍扁，基部膝曲，节着地可生不定根，丛生，高10~60厘米；叶鞘松弛，肿胀而包裹花序。叶片扁平，长5~25米，宽3~6毫米。穗状花序长3~5厘米，4~10余枚指状簇生茎顶，呈扫帚状，小穗紧密排列于穗轴一侧，成熟后带紫色。每第一外稃长3毫米，上部边缘具3毫米柔毛，芒长5~10毫米。种子小。穗状圆锥花序顶生及腋生，长2.5~35厘米，到外密被白色卷曲短柔毛，由密集多花的聚伞花序组成，花序梗长约2毫米，最初被白色绵毛，以后渐变少毛；萼齿5，卵形，近相等，长约为花萼长之1/3，果时花萼直立，增大，长约4毫米；花冠淡紫或紫色，长6~7毫米，外面被疏柔毛，冠筒基部具浅囊状突起；雄蕊4，内藏；花柱有时略伸出。小坚果卵形，极小，污黄色。花期7~11月，果期11~12月。为家畜优质食草，但也是北方常见的农田杂草之一。

隐花草属

隐花草 *Crypsis aculeata* (L.) Ait.

形态特征：一年生。须根细弱。秆
平卧或斜向上升，具分枝，光滑无毛，高
5~40厘米。叶鞘短于节间，松弛或膨大；
叶舌短小，顶生纤毛；叶片线状披针形，扁
平或对折，边缘内卷，先端呈针刺状，上面
微糙涩，下面平滑，长2~8厘米，宽1~5
毫米。圆锥花序短缩成头状或卵圆形，长约
16毫米，宽5~13毫米，下面紧托两枚膨
大的苞片状叶鞘，小穗长约4毫米，淡黄白
色；颖膜质，不等长，顶端钝，具1脉，脉
上粗糙或生纤毛，第一颖长约3毫米，窄线
形，第二颖长约3.5毫米，披针形；外稃长
于颖，薄膜质，具1脉，长约4毫米；内
稃与外稃同质，等长或稍长于外稃，具极接
近而不明显的2脉，雄蕊2，花药黄色，长
1~1.3毫米。囊果长圆形或楔形，长约2毫
米。染色体2n=16，18，54(Avdulov)。花果
期5~9月。

稗属

稗 *Echinochloa crusgalli* (L.) Beauv.

形态特征：一年生草本植物。秆高可达50厘米，光滑无毛，叶片扁平，线形，无毛，边缘粗糙。圆锥花序直立，近尖塔形，分枝斜上举，小穗卵形，第一颖三角形，第二颖与小穗等长，花通常中性，其外稃草质，第二外稃椭圆形，成熟后变硬，边缘内卷，夏秋季开花结果。

披碱草属

圆柱披碱草　*Elymus dahuricus var. cylindricus* Franch.

　　形态特征：疏丛型，须根发达。秆直立，高 35~85 厘米，具 2~3 节。叶鞘无毛；叶舌长 0.2~0.5 毫米，撕裂；叶片扁平，长 4.5~20 厘米，宽 2~5 毫米。穗状花序细瘦，直立，长 6~8 厘米，小穗绿色或带有紫色，长 7~10 毫米，通常含 2~3 小花，仅 1~2 小花发育，颖条状披针形，具 3~5 脉，外稃披针形，顶端芒直立或稍向外展，长 7~17 毫米；内稃与外稃等长，细胞染色体：$2n=6x=42$。

九顶草属

九顶草　*Enneapogon borealis (Griseb.)* Honda

　　形态特征：多年生密丛草本。基部鞘内常具隐藏小穗。秆节常膝曲，高 5~25 厘米，被柔毛。叶鞘多短于节间，密被短柔毛，鞘内常有分枝；叶舌极短，顶端具纤毛；叶片长 2~12 厘米，宽 1~3 毫米，多内卷，密生短柔毛，基生叶呈刺毛状。圆锥花序短穗状，紧缩呈圆柱形，长 1.5~3.5 厘米，宽 6~11 毫米，铅灰色或成熟后呈草黄色；小穗通常含 2~3 小花，顶端小花明显退化，小穗轴节间无毛；颖质薄，边缘膜质，披针形，先端尖，背部被短柔毛，具 3~5 脉，中脉形成脊，第一颖长 3~3.5 毫米，第二颖长 4~5 毫米；第一外稃长 2~2.5 毫米，被柔毛，尤以边缘更显，基盘亦被柔毛，顶端具 9 条直立羽毛状芒，芒略不等长，长 2~4 毫米；内稃与外稃等长或稍长，脊上具纤毛；花药长 0.5 毫米。

画眉草属

无毛画眉草 *Eragrostis pilosa* (L.) Beauv. *var. imberbis* Franch.

形态特征：一年生。秆丛生，直立或基部膝曲，高 15~60 厘米，径 1.5~2.5 毫米，通常具 4 节，光滑。叶鞘松裹茎，长于或短于节间，扁压，鞘缘近膜质，鞘口有长柔毛；叶舌为一圈纤毛，长约 0.5 毫米；叶片线形扁平或蜷缩，长 6~20 厘米，宽 2~3 毫米，无毛。圆锥花序开展或紧缩，长 10~25 厘米，宽 2~10 厘米，分枝单生，簇生或轮生，多直立向上，腋间有长柔毛，小穗具柄，长 3~10 毫米，宽 1~1.5 毫米，含 4~14 小花；颖为膜质，披针形，先端渐尖。第一颖长约 1 毫米，无脉，第二颖长约 1.5 毫米，具 1 脉；第一外稃长约 1.8 毫米，广卵形，先端尖，具 3 脉；内稃长约 1.5 毫米，稍作弓形弯曲，脊上有纤毛，迟落或宿存；雄蕊 3 枚，花药长约 0.3 毫米。颖果长圆形，长约 0.8 毫米。花果期 8~11 月。

大麦属

布顿大麦草 *Hordeum bogdanii* Wilensky

形态特征：多年生草本，具根状茎，形成疏丛，杆直立，基部有时膝曲，高50~80厘米，径约2毫米，具5~6节，节稍突出，密被灰毛。叶鞘幼嫩时被柔毛；叶舌膜质，长约1毫米；叶片长6~15厘米，宽4~6毫米。穗状花序通常呈灰绿色，长5~10厘米，宽5~7毫米，穗轴节间长约1毫米，易断落；三联小穗两侧者具长约1.5毫米的柄，颖长6~7毫米，外稃贴生细毛，连同芒长约5毫米，中间小穗无柄，颖针状，长7~8毫米，外稃长约7毫米，先端具长约7毫米的芒，背部贴生短柔毛或细刺毛，花药黄色，长约2毫米。花、果期6~9月。

紫大麦草 *Hordeum violaceum* Boiss. & Hohen.

形态特征：多年生草本，具下伸的根状茎。秆细弱，直立或基部膝曲，高 30~70 厘米，具 3~4 节。禾本科大麦属多年生草本，具下伸的根状茎。秆细弱，直立或基部膝曲，高 30~70 厘米，具 3~4 节。叶鞘光滑，叶舌长约 1 毫米，膜质，叶片扁平或稍内卷，长（1.5）3~14 厘米，宽 2~4 毫米。德状花序顶生，长 4~7 厘米，绿色或带紫色，成熟时还节断落，穗轴节间长 1~2 毫米，穗轴的每节着生 3 枚小穗；两一侧小穗具柄而不发育，颖和外稃狭窄如针状；中间的小穗发育而无柄，颖呈针状，长约 6 毫米，粗糙；外稃披针形，长 5~6 毫米，先端的芒长 3~5 毫米。

赖草属

毛穗赖草 *Leymus paboanus* (Claus) Pilger

形态特征：多年生，具下伸的根茎。秆单生或少数丛生，基部残留枯黄色、纤维状叶鞘，高45~90厘米，具3~4节，光滑无毛。叶鞘光滑无毛；叶舌长约0.5毫米；叶片长10~30厘米，宽4~7毫米，扁平或内卷，上面微粗糙，下面光滑。穗状花序直立，长10~18厘米，宽8~13毫米；穗轴较细弱，上部密被柔毛，向下渐平滑，边缘具睫毛，节间长3~6毫米，基部者长达12毫米；小穗2~3枚生于1节，长8~13毫米，含3~5小花；小穗轴节间长约1.5毫米、密被柔毛；颖近锥形，长6~12毫米，与小穗等长或稍长，微被细小刺毛，不覆盖第一外稃的基部，外稃披针形，先端渐尖或具长约1毫米的短芒，背部密被长1~1.5毫米的白色柔毛，脉不显著，腹面可见3~5脉，第一外稃长6~10毫米；内稃与外稃近等长，脊的上半部具睫毛；花药长约3毫米。花、果期6~7月。

赖草　*Leymus secalinus* (Georgi) Tzvel.

形态特征：多年生草本，具下伸的根状茎。秆直立，较粗硬，单生或呈疏丛状，生殖枝高45~100厘米，营养枝高20~35厘米，茎部叶鞘残留呈纤维状。叶片长8~30厘米，宽4~7毫米，深绿色，平展或内卷。穗状花序直立，长10~15厘米，宽0.8~1毫米，穗轴每节具小穗2~3枚，长10~15毫米，含4~7小花，小穗轴被短柔毛，颖锥形，长8~12毫米，具1脉，正覆盖小穗，外稃披针形，被短柔毛，先端渐尖或具1~3毫米长的短芒，第一外稃长8~10毫米，内稃与外稃等长，先端略显分裂。

芦苇属

芦苇　*Phragmites australis* (Cav.) Trin. ex Steud.

形态特征：多年生，根状茎十分发达。秆直立，高 1~3 米，直径 1~4 厘米，具 20 多节，基部和上部的节间较短，最长节间位于下部第 4~6 节，长 20~25 厘米，节下被腊粉。叶鞘下部者短于而上部者，长于其节间；叶舌边缘密生一圈长约 1 毫米的短纤毛，两侧缘毛长 3~5 毫米，易脱落；叶片披针状线形，长 30 厘米，宽 2 厘米，无毛，顶端长渐尖成丝形。圆锥花序大型，长 20~40 厘米，宽约 10 厘米，分枝多数，长 5~20 厘米，着生稠密下垂的小穗；小穗柄长 2~4 毫米，无毛；小穗长约 12 毫米，含 4 花；颖具 3 脉，第一颖长 4 毫米；第二颖长约 7 毫米；第一不孕外稃雄性，长约 12 毫米，第二外稃长 11 毫米，具 3 脉，顶端长渐尖，基盘延长，两侧密生等长于外稃的丝状柔毛，与无毛的小穗轴相连接处具明显关节，成熟后易自关节上脱落；内稃长约 3 毫米，两脊粗糙；雄蕊 3，花药长 1.5~2 毫米，黄色；颖果长约 1.5 毫米。为高多倍体和非整倍体的植物。由于芦苇的叶、叶鞘、茎、根状茎和不定根都具有通气组织，所以它在净化污水中起到重要的作用。芦苇茎秆坚韧，纤维含量高，是造纸工业中不可多得的原材料。芦茎、芦根还可以用于造纸行业，以及生物制剂。经过加工的芦茎还可以做成工艺品。古时古人用芦苇制扫把。

棒头草属

长芒棒头草　*Polypogon monspeliensis* (L.) Desf.

　　形态特征：一年生草本植物。秆直立或基部膝曲，大都光滑无毛，具4~5节，高8~60厘米。叶鞘松弛抱茎，大多短于或下部者长于节间；叶舌膜质，长2~8毫米，2深裂或呈不规则地撕裂状；叶片长2~13厘米，宽2~9毫米，上面及边缘粗糙，下面较光滑。圆锥花序穗状，长1~10厘米，宽5~20毫米（包括芒）；小穗淡灰绿色，成熟后枯黄色，长2~2.5毫米（包括基盘）；颖片倒卵状长圆形，被短纤毛，先端2浅裂，芒自裂口处伸出，细长而粗糙，长3~7毫米；外稃光滑无毛，长1~1.2毫米，先端具微齿，中脉延伸成约与稃体等长而易脱落的细芒；雄蕊3，花药长约0.8毫米。颖果倒卵状长圆形，长约1毫米。花果期5~10月。

细柄茅属

中亚细柄茅　*Ptilagrostis pelliotii* (Danguy) Grubov

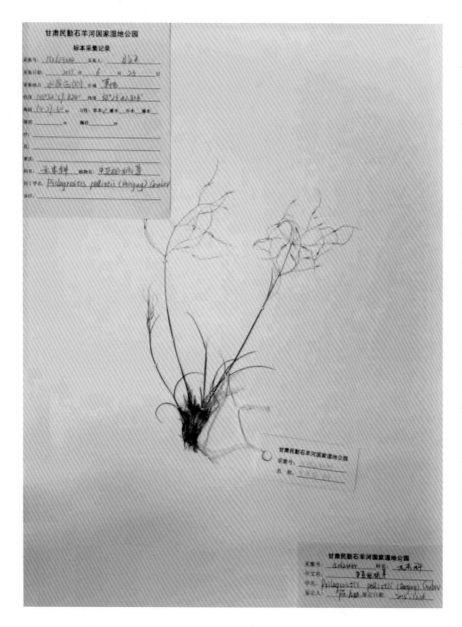

形态特征：多年生草本。须根较粗且坚韧，秆直立，密丛，光滑，高 20~50 厘米，基部宿存枯萎的叶鞘，叶舌长约 1 毫米，平截，顶端和边缘具纤毛，叶片质地较硬，纵卷如针状，长 3~10 厘米，圆锥花序疏松，长达 10 厘米，分枝细弱，常孪生，小穗柄细弱，小穗长 5~6 毫米，淡黄色，颖薄膜质，披针形，先端渐尖，外稃长 3~4 毫米，背部遍生柔毛，具 3 脉，先端生一长约 2.5 厘米的芒，羽毛状，不明显的一回膝曲，内稃稍短于外稃，具 1 脉，疏被柔毛，花药长约 2.5 毫米，顶端无毫毛。

碱茅属

朝鲜碱茅　*Puccinellia chinampoensis* Ohwi

　　形态特征：秆丛生，直立或基部膝曲，高 15~50 厘米，基部常膨大。叶鞘平滑无毛，叶舌膜质，长 1~1.5 毫米，叶片扁平或内卷，长 2~7 厘米，宽 1~3 厘米，上面微粗糙，下面近平滑。圆锥花序开展，长 10~15 厘米，分枝及小穗柄微粗糙，小穗长 3~5 毫米，含 3~6 小花。

碱茅　*Puccinellia distans* (Jacq.) Parl.

形态特征：多年生草本，冷季型，丛生，颜色灰绿，芽中叶片卷曲，膜状叶舌。圆锥花序夏季开花至秋季。秆丛生，直立或基部膝曲，高20~40厘米，常压扁，具3节。叶鞘平滑无毛，长于节间；叶舌长1~1.5毫米，先端截平、半圆形或齿裂；叶片扁平或对折，宽1~3毫米，上央粗糙，下面近于平滑。圆锥花序幼时为叶鞘所包藏，后伸出而展开，长5~20厘米，宽约6厘米，每节具2~6个分枝；分枝细长，平展或下垂，粗糙，基部分枝长达8厘米；小穗柄 短或近于无柄；小穗长4~6毫米，含5~7花，紫色或稍带紫色，穗轴节间长0.5毫米，平滑无毛；颖质较薄，先端钝，具不整齐的细齿，第一颖长1~1.2毫米，帷1脉，第二颖长1.5~2毫米，具3脉；外稃先端钝或截平，其先端和边缘均具不整齐的细齿，具不明显的5脉，基部具多数柔毛，第一外稃长约2毫米；内稃约与外稃等长，脊上粗糙；花药长0.5~0.8毫米。颖果纺锤形，长约1.2毫米。花果期5~9月。优质牧草，潜在的优良草坪草资源。对土壤中的Na^+有较强的抗性，主要用于盐碱土地区草坪建植和公路护坡。

狗尾草属

狗尾草 *Setaria viridis* (L.) Beauv.

形态特征：一年生。根为须状，高大植株具支持根。秆直立或基部膝曲，高 10~100 厘米，基部径长 3~7 毫米。叶鞘松弛，无毛或疏具柔毛或疣毛，边缘具较长的密绵毛状纤毛；叶舌极短，缘有长 1~2 毫米的纤毛；叶片扁平，长三角状狭披针形或线状披针形，先端长渐尖或渐尖，基部钝圆形，几呈截状或渐窄，长 4~30 厘米，宽 2~18 毫米，通常无毛或疏被疣毛，边缘粗糙。圆锥花序紧密呈圆柱状或基部稍疏离，直立或稍弯垂，主轴被较长柔毛，长 2~15 厘米，宽 4~13 毫米（除刚毛外），刚毛长 4~12 毫米，粗糙或微粗糙，直或稍扭曲，通常绿色或褐黄到紫红或紫色；小穗 2~5 个簇生于主轴上或更多的小穗着生在短小枝上，椭圆形，先端钝，长 2~2.5 毫米，铅绿色；第一颖卵形、宽卵形，长约为小穗的 1/3，先端钝或稍尖，具 3 脉；第二颖几与小穗等长，椭圆形，具 5~7 脉；第一外稃与小穗第长，具 5~7 脉，先端钝，其内稃短小狭窄；第二外稃椭圆形，顶端钝，具细点状皱纹，边缘内卷，狭窄；鳞被楔形，顶端微凹；花柱基分离；叶上下表皮脉间均为微波纹或无波纹的、壁较薄的长细胞。染色体 2n=18（Avdulov, Krishnaswamy, Tateoka）；颖果灰白色。花果期 5~10 月。

莎草科

扁穗草属

华扁穗草 *Blysmus sinocompressus* T. Tang & F. T. Wang

形态特征：多年生草本植物，多年生草本，有长的匍匐根状茎，黄色，光亮，有节，节上生根，长 2~7 厘米，直径 2.5~3.5 毫米，鳞片黑色；秆近于散生，扁三棱形，具槽，中部以下生叶，基部有褐色或紫褐色老叶鞘，高 5~20 厘米。叶平张，边略内卷并有疏而细的小齿，渐向顶端渐狭，顶端三棱形，短于秆，宽 1~3.5 毫米；叶舌很短，白色，膜质。苞片叶状，一般高出花序；小苞片呈鳞片状，膜质；穗状花序一个，顶生，长圆形或狭长圆形，长 1.5~3 厘米，宽 6~11 毫米；小穗 3~10 多个，排列成二列或近二列，密，最下部 1 至数个小穗通常远离；小穗卵披针形、卵形或长椭圆形，长 5~7 毫米，有 2~9 朵两性花；鳞片近二行排列，长卵圆形，顶端急尖，锈褐色，膜质，背部有 3~5 条脉，中脉呈龙骨状突起，绿色，长 3.5~4.5 毫米；下位刚毛 3~6 条，卷曲，高出于小坚果约两倍，有倒刺；雄蕊 3，花药狭长圆形，顶端具短尖，长 3 毫米；柱头 2，长于花柱约一倍。小坚果宽倒卵形，平凸状，深褐色，长 2 毫米。花果期 6~9 月。

荸荠属

具槽秆荸荠 *Eleocharis valleculosa* Ohwi

形态特征：有匍匐根状茎。秆多数或少数，一单生或丛生，圆柱状，干后略扁，高6~50厘米，直径1~3毫米，有少数锐肋条。叶缺如，在秆的基部有1~2个长叶鞘，鞘膜质，鞘的下部紫红色，鞘口平，高3~10厘米。小穗长圆状卵形或线状披针形，少有椭圆形和长圆形，长7~20毫米，宽2.5~3.5毫米，后期为麦秆黄色，有多数或极多数密生的两性花；在小穗基部有2片鳞片中空无花，抱小穗基部的1/2~2/3周以上；其余鳞片全有花，卵形或长圆状卵形，顶端钝，长3毫米，宽1.7毫米，背部淡绿色或苍白色，有一条脉，两侧狭，淡血红色，边缘很宽，白色，干膜质；下位刚毛4条，其长明显超过小坚果，很淡锈色，略弯曲，不向外展开，具密的倒刺；柱头2。小坚果圆倒卵形，双凸状，长1毫米，宽大致相同，淡黄色；花柱基为宽卵形，长为小坚果的1/3，宽约为小坚果的1/2，海绵质。花果期6~8月。

扁莎属

红鳞扁莎 *Pycreus sanguinolentus* (Vahl) Nees

形态特征：秆丛生，扁三棱形，它的特点是：鳞片边缘红褐色。一生年草本。根为须根。秆密丛生，高7~40厘米，扁三棱形，平滑。叶稍多，常短于秆，少有长于秆，宽2~4毫米，平张，边缘具白色透明的细刺。苞片3~4枚，叶状，近于平向展开，长于花序；简单长侧枝聚伞花序具3~5个辐射枝；辐射枝有时极短，因而花序近似头状，有时可长达4.5厘米，由4~12个或更多的小穗密聚成短的穗状花序；小穗辐射展开，长圆形、线状长圆形或长圆状披针形，长5~12毫米，宽2.5~3毫米，具6~24朵花；小穗轴直，四棱形，无翅；鳞片稍疏松地复瓦状排列，膜质，卵形，顶端钝，长约2毫米，背面中间部分黄绿色，具3~5条脉，两侧具较宽的槽，麦秆黄色或褐黄色，边缘暗血红色或暗褐红色；雄蕊3，少2，花药线形；花柱长，柱头2，细长，伸出于鳞片之外。小坚果圆倒卵形或长圆状倒卵形，双凸状，稍肿胀，长为鳞片的1/2~3/5，成熟时黑色。花果期7~12月。是一种分布广泛的农田杂草，但有医药价值。

薦草属

双柱头针蔺　*Trichophorum distigmaticum* (Kükenthal) T. V.

　　形态特征：植株矮小，具细长匍匐根状茎。秆纤细，高10~25厘米，近于圆柱状，平滑，无秆生叶，具基生叶。叶片刚毛状，最长达18毫米；叶鞘长于叶片，长可达25毫米，棕色，最下部2~3个仅有叶鞘而无叶片。花单性，雌雄异株；小穗单一，顶生，卵形，长约5毫米，宽2.5~3毫米，具少数花；鳞片卵形，顶端钝，薄膜质，长约3.5毫米，麦秆黄色，半透明，具光泽，或有时下部边缘呈白色，上部为棕色；无下位刚毛；具3个不发育的雄蕊；花柱长，柱头2，外被乳头状小突起。小坚果宽倒卵形，平凸状，长约2毫米，成熟时呈黑色。花果期7~8月。

藨草　*Scirpus triqueter* L.

　　形态特征：多年生水生挺水草本植物，具长的匍匐根状茎。秆散生，粗壮，高20~100厘米，三棱形，基部具2~3个叶鞘。叶片扁平，长1.3~5.5厘米，宽1.5~2厘米。侧枝聚伞形花序假侧生，有1~8个辐射枝，辐射枝三棱形，棱上粗糙。小坚果倒卵形，平凸状，长2~3毫米，成熟时褐色，具光泽。花果期6~9月。

扁秆藨草　*Scirpus planiculmis* Fr. Schmidt

　　形态特征：具匍匐根状茎和块茎。秆高 60~100 厘米，一般较细，三棱形，平滑，靠近花序部分粗糙，基部膨大，具秆生叶。叶扁平，宽 2~5 毫米，向顶部渐狭，具长叶鞘。叶状苞片 1~3 枚，常长于花序，边缘粗糙；长侧枝聚伞花序短缩成头状，或有时具少数辐射枝，通常具 1~6 个小穗；小穗卵形或长圆状卵形，锈褐色，长 10~16 毫米，宽 4~8 毫米，具多数花；鳞片膜质，长圆形或椭圆形，长 6~8 毫米，褐色或深褐色，外面被稀少的柔毛，背面具一条稍宽的中肋，顶端或多或少缺刻状撕裂，具芒；下位刚毛 4~6 条，上生倒刺，长为小坚果的 1/2~2/3；雄蕊 3，花药线形，长约 3 毫米，药隔稍突出于花药顶端；花柱长，柱头 2。小坚果宽倒卵形，或倒卵形，扁，两面稍凹，或稍凸，长 3~3.5 毫米。花期 5~6 月，果期 7~9 月。

球穗藨草 *Scirpus strobilinus* Roxb.

　　形态特征：多年生草本，散生，具匍匐根状茎和块茎，块茎小，呈卵形。秆高10~50厘米，三棱形，平滑，中部以上生叶。叶扁平，线形，稍坚挺，宽1~4毫米，在秆上部的叶长于秆或等长于秆，边缘和背面中肋上不粗糙或稍粗糙。叶状苞片2~3枚，长于花序；长侧枝聚伞花序常短缩成头状，少有具短辐射枝，通常具1~10余个小穗；小穗卵形，长10~16毫米，宽3.5~7毫米，具多数花。鳞片长圆状卵形，膜质，淡黄色，长约5~6毫米，外面微被短毛，顶端有缺刻，背面具1条中肋，延伸出顶端成芒；下位刚毛6条，其中4条短，2条较长，长为小坚果的一半或更长些，上生倒刺；雄蕊3，花药线状长圆形，长约1毫米，药隔突出部分较长；花柱细长，柱头2。小坚果宽倒卵形，双凸状，长约2.5毫米，黄白色，成熟时呈深褐色，具光泽。花果期6~9月。

灯心草科

灯心草属

小花灯心草 *Juncus articulatus* L.

　　形态特征：多年生草本，高 15~40 厘米；根状茎粗壮横走，黄色，具细密褐黄色的须根。茎密丛生，直立，圆柱形，直径 0.8~1.5 毫米，绿色，表面有纵条纹。叶基生和茎生，短于茎；低出叶少，鞘状，长 1~3 厘米，顶端有短突起，边缘膜质，黄褐色；基生叶 1~2 枚；叶鞘基部红褐色至褐色；茎生叶 1~2 枚；叶片扁圆筒形，长 2.5~6 厘米，宽 0.8~1.4 毫米，顶端渐尖呈钻状，具有明显的横隔，绿色；叶鞘松弛抱茎，长 0.8~3.5 厘米，边缘膜质；叶耳明显，较窄。花序由 5~30 个头状花序组成，排列成顶生复聚伞花序，花序分枝常 2~5 个，具长短不等的花序梗，上端 2~3 回分枝，向两侧伸展；头状花序半球形至近圆球形，直径 6~8 毫米，有 5~10 朵花；叶状总苞片 1 枚，长 1.5~5 厘米，鞘部较宽，上部细线形，具横隔，绿色，通常短于花序；苞片披针形或三角状披针形，长 2.5~3 毫米，锐尖，黄色，背部中央有 1 脉；花被片披针形，等长，长 2.5~3 毫米，顶端尖，背面通常有 3 脉，具较宽的膜质边缘，幼时黄绿色，晚期变淡红褐色；雄蕊 6 枚，长约为花被片的 1/2；花药长圆形，黄色，长 0.7~1 毫米；花丝长 0.7~0.9 毫米；花柱极短，圆柱形；柱头 3 分叉，线形，较长。蒴果三棱状长卵形，长 3~3.5 毫米，超出花被片，顶端具极短尖头，1 室，成熟深褐色，光亮。种子卵圆形，长 0.5~0.7 毫米，一端具短尖，黄褐色，表面具纵条纹及细横纹。花期 6~7 月，果期 8~9 月。

小灯心草　*Juncus bufonius* L.

　　形态特征：一年生草本，高4~20厘米，有多数细弱、浅褐色须根。茎丛生，细弱，直立或斜升，有时稍下弯，基部常红褐色。叶基生和茎生；茎生叶常1枚；叶片线形，扁平，长1~13厘米，宽约1毫米，顶端尖；叶鞘具膜质边缘，无叶耳。花序呈二歧聚伞状，或排列成圆锥状，生于茎顶，约占整个植株的1/4到4/5，花序分枝细弱而微弯；叶状总苞片长1~9厘米，常短于花序；花排列疏松，很少密集，具花梗和小苞片；小苞片2~3枚，三角状卵形，膜质，长1.3~2.5毫米，宽1.2~2.2毫米；花被片披针形，外轮者长3.2~6毫米，宽1~1.8毫米，背部中间绿色，边缘宽膜质，白色，顶端锐尖，内轮者稍短，几乎全为膜质，顶端稍尖；雄蕊6枚，长为花被的1/3到1/2；花药长圆形，淡黄色；花丝丝状；雌蕊具短花柱；柱头3，外向弯曲，长0.5~0.8毫米。蒴果三棱状椭圆形，黄褐色，长3~4毫米，顶端稍钝，3室。种子椭圆形，两端细尖，黄褐色，有纵纹，长0.4~0.6毫米。花常闭花受精。染色体2n=100~110。花期5~7月，果期6~9月。植物的全草可供药用，主治热淋，小便涩痛，水肿，尿血等症。

扁茎灯心草 *Juncus gracillimus* (Buchenau) V. L.

形态特征：多年生草本，高约15~40厘米；根状茎粗壮横走，褐色，具黄褐色须根。茎丛生，直立，圆柱形或稍扁，绿色，直径0.5~1.5毫米。叶基生和茎生；低出叶鞘状，长1.5~3厘米，淡褐色；基生叶2~3枚；叶片线形，长3~15厘米，宽0.5~1毫米；茎生叶1~2枚；叶片线形，扁平，长10~15厘米；叶鞘长2~9厘米，松弛抱茎；叶耳圆形。顶生复聚伞花序；叶状总苞片通常1枚，线形，常超出花序；从总苞叶腋中发出多个花序分枝，花序分枝纤细，长短不一，长者达4~6厘米，顶端1~2回或多回分枝，有时花序延伸长达13厘米；花单生，彼此分离；小苞片2枚，宽卵形，长约1毫米，顶端钝，膜质；花被片披针形或长圆状披针形，长1.8~2.6毫米，宽0.9~1.1毫米，顶端钝圆，外轮者稍长于内轮，较窄，内轮者具宽膜质边缘，背部淡绿色，顶端和边缘褐色；雄蕊6枚；花药长圆形，基部略成箭形，长0.8~1毫米，黄色；花丝长0.6~0.8毫米；子房长圆形，长约1.5毫米；花柱很短；柱头3分叉，长约1.5毫米。蒴果卵球形，长约2.5毫米，超出花被，上端钝，具短尖头，有3个隔膜，成熟时褐色、光亮。种子斜卵形，长约0.4毫米，表面具纵纹，成熟时褐色。花期5~7月，果期6~8月。

鸢尾科

鸢尾属

大苞鸢尾　*Iris bungei* Maxim.

形态特征：多年生密丛草本，折断的老叶叶鞘宿存，棕褐色或浅棕色，长 10~13 厘米。地下生有不明显的木质、块状的根状茎；根粗而长，黄白色或黄褐色。叶条形，长 20~50 厘米，宽 2~4 毫米，有 4~7 条纵脉，无明显的中脉。花茎的高度往往随砂埋深度而变化，通常高 15~25 厘米，有 2~3 枚茎生叶，叶片基部鞘状，抱茎；苞片 3 枚，草质，绿色，边缘膜质，白色，宽卵形或卵形，长 8~10 厘米，宽 3~4 厘米，平行脉间无横脉相连，中脉 1 条，明显而突出，内包含有 2 朵花；花蓝紫色，直径 6~7 厘米；花梗长约 1.5 厘米；花被管丝状，长 6~7 厘米，外花被裂片长 5~6 厘米，宽 1.2~1.5 厘米，爪部狭楔形，中部略宽，内花被裂片倒披针形，长 5~5.5 厘米，宽 0.8~1 厘米，直立；雄蕊长约 3 厘米；花柱分枝长 5~5.5 厘米，顶端裂片斜披针状三角形，子房绿色，细柱状，长 4~4.5 厘米。蒴果圆柱状狭卵形，长 8~9 厘米，直径 1.5~2 厘米，有 6 条明显的肋，顶端有喙，长 8~9 厘米，成熟时自顶部向下开裂至 1/3 处。花期 5~6 月，果期 7~8 月。花叶较美，有一定的观赏价值；为密丛型植物，株丛由多数基生叶组成，故而也可作饲用。

马蔺 *Iris lactea Pall. var. chinensis* (Fisch.) Koidz.

形态特征：多年生草本植物，根状茎粗壮，木质，有多数须根。叶基生、宽线形，长可达50厘米，宽4~10毫米，呈灰绿色、花茎高约10厘米，具2~4朵花，4~6月开花，花浅蓝色、蓝色或蓝紫色，花期50天左右。蒴果长椭圆状柱形，长4~6厘米，种子9月成熟。由于马蔺具有独特的生态生物学特性和利用价值，近年来逐渐被用作水保护坡、园林绿化观赏地被建设的优良材料。

中文名索引

拉丁学名索引

参 考 文 献

［1］国家林业局 . 中国湿地资源：甘肃卷［M］. 北京：中国林业出版社，

［2］陈明琦等 . 甘肃省重点保护野生植物图鉴［M］. 北京：中国林业出版社，

［3］赵　忠 . 甘肃草原植物图鉴［M］. 兰州：甘肃科学技术出版社，2019.

后 记

本册教科书是人民教育出版社依据教育部《义务教育教材研究所与美术……

本册教科书是人民教育出版社依据教育部《义务教育美术课程标准……

心，上海书画出版社依据教育部《义务教育美术课程标准……

的，经国家基础教育课程教材专家工作委员会2012年审查……

本册教科书集中反映了基础教育教科书研究与实验取得的……

改实验的教育专家、学科专家，教研人员以及一线教师的……

所有对教科书的编写、出版提供过帮助与支持的同仁和科……

体设计艺术指导吕敏人等。

本册教科书出版之前，我们通过多种渠道与教科书的选用……

作）的作者进行了联系，得到了他们的大力支持。对此，我们……

仍有部分作者未能联系，恳请入选作品的作者与我们联系……

我们真诚地希望广大教师、学生及家长在使用本册教科……

贵意见，并将这些意见和建议及时反馈给我们。让我们携……

务教育教材建设工作！

联系方式

电　话：010-58758582

电子邮箱：jcfk@pep.com.cn